多模态遥感图像配准

叶沅鑫　徐其志　胡忠文　著

科学出版社
北　京

内 容 简 介

本书主要介绍了与多模态遥感图像配准相关的基础知识及常用的配准方法，内容包括三大部分：第一部分（第 1～5 章）涉及遥感图像配准的基础知识，阐述了图像配准的原理及基本框架、主流的特征提取方法、匹配相似性度量准则和几何变换模型等；第二部分（第 6、7 章）介绍了基于局部相位一致性的多模态图像匹配方法和基于结构相似性的多模态匹配框架；第三部分（第 8 章）介绍了由作者课题组研制的多模态遥感图像自动配准系统。

本书可供高等院校计算机、测绘科学与技术、信号与信息处理等专业的研究生阅读，也可作为遥感图像分析、遥感图像配准等领域的技术人员和研究人员的参考书。

图书在版编目（CIP）数据

多模态遥感图像配准 / 叶沅鑫，徐其志，胡忠文著. — 北京：科学出版社，2022.9

ISBN 978-7-03-071534-0

Ⅰ. ①多…　Ⅱ. ①叶…　②徐…　③胡…　Ⅲ. ①遥感图像－图像处理　Ⅳ. ①TP751

中国版本图书馆 CIP 数据核字（2022）第 029853 号

责任编辑：王　哲 / 责任校对：胡小洁

责任印制：吴兆东 / 封面设计：迷底书装

科学出版社 出版

北京东黄城根北街 16 号

邮政编码：100717

http://www.sciencep.com

北京中石油彩色印刷有限责任公司 印刷

科学出版社发行　各地新华书店经销

*

2022 年 9 月第　一　版　开本：720×1 000　1/16

2022 年 9 月第一次印刷　印张：11　插页：3

字数：220 000

定价：109.00 元

前　言

随着航空、航天技术的飞速发展，数据获取手段的不断丰富，如何充分集成多传感器、多光谱的多模态遥感数据，对其进行综合处理，已成为现阶段亟待解决的问题之一。多模态遥感图像通常反映了地物的不同特性，能够为地表监测提供互补的信息。为了整合这些图像进行对地观测，需要在地理空间上对它们进行几何配准。图像配准是将不同时相、不同传感器和不同拍摄条件下获取的影像进行叠加的过程。在遥感数据处理过程中，图像配准是图像融合、图像镶嵌和变化检测等的基本预处理步骤，配准的精度对后续的图像分析工作产生重要的影响。本书结合实际工程应用需求，首先介绍了多模态遥感图像配准的意义、研究现状和发展趋势，然后概述了图像配准的基本过程包括特征提取、相似性度量和几何变换等，最后介绍了由作者课题组提出的特征匹配方法、结构相似性度量模型和多模态图像自动配准系统,其代码和软件系统可在 https://github.com/yeyuanxin110 下载。本书的理论知识由浅入深，读者可以借助于本书提供的代码程序和软件系统，深入分析各种算法的性能。

全书共八章，分为三大部分。第一部分(第 1～5 章)主要介绍遥感图像配准的基本知识。第 1 章为绪论部分，简要介绍遥感图像配准的定义、研究意义、国内外发展现状以及发展趋势；第 2 章阐述图像处理的基础知识，包括了图像数字化的概念、空间域图像处理方法、频率域图像处理方法，以及常用的边缘提取方法，为后续图像配准方法的理解提供知识储备；第 3 章介绍当前主流的特征提取方法，包括了 Harris 和 DoG 等特征点检测算法、SIFT 和 SURF 等局部特征描述符，以及相位一致性特征检测模型；第 4 章概述匹配度量准则，首先介绍了差平方和、汉明距离等常用的距离度量模型，然后介绍互相关和互信息等经典的相似性度量模型。第 5 章描述几何变换模型和误差剔除模型，几何变换模型包括全局几何变换模型和局部几何变换模型，而误差剔除模型包括最小二乘均值法和随机一致性采样法。

第二部分(第 6、7 章)主要介绍由作者课题组提出的特征匹配方法和结构相似性匹配框架。第 6 章描述基于局部相位一致性的多模态图像匹配方法，着重介绍基于局部相位信息的特征点检测和特征点描述方法，并通过对比实验，分析该方法的优越性；第 7 章概述基于结构相似性的多模态匹配框架，首先介绍常用的结构特征描述符，然后构建结构相似性匹配模型，并通过实验验证该匹配框架的有效性。

第三部分(第 8 章)主要介绍由作者课题组研制的多模态遥感图像自动配准系统。该系统首先利用遥感图像自带的地理空间信息进行几何粗配准，然后采用结构相似性度量模型进行图像精确配准，最后通过大尺寸多模态遥感图像进行实验，结果显示所研制的系统在配准精度和配准效率方面都优于当前主流的遥感商业软件如 ENVI、ERDAS 和 PCI。

本书是叶沅鑫在其博士论文以及近年来课题组科研工作的基础上写作而成。全书由叶沅鑫总体负责，其课题组成员参与部分章节的撰写。第 1、3、6、8 章由叶沅鑫撰写，第 2、4 章由徐其志撰写，第 5、7 章由胡忠文撰写，最后由叶沅鑫进行统稿。在本书编写过程中，课题组的朱柏、周亮、王蒙蒙、杨超、唐腾峰等多名研究生也参与了书稿的校对和整理工作。

作者多年来一直从事遥感图像配准及相关方面的研究工作。本书是作者多年来从事该领域研究工作的结晶。本书得到了国家自然科学基金面上项目(编号：41971281)和西南交通大学研究生教材(专著)经费建设项目(编号：SWJTU-ZZ2022-042)资助，在此表示感谢。

由于作者水平有限，书中难免有疏漏，恳请广大读者批评指正。

作　者

2022 年 6 月

目　　录

第 1 章　绪　　论

1.1　多模态遥感图像配准的意义

遥感是一种远距离的、非接触的目标探测技术和方法。具体地讲，是指在航空飞机和人造卫星等各种平台上，利用各类传感器获取反映地表特征的各种数据，并通过变换、加工和处理，提取有用的信息，对地表目标进行定性或者定量的描述[1,2]。20 世纪 60 年代初，科学家们提出了“遥感”的概念，并把多光谱技术应用到地形特征的航空勘测上，成功地研制了多谱段彩色合成系统。卫星遥感技术的广泛应用始于 20 世纪 70 年代，美国于 1972 年发射了第一个地球资源技术(Landsat) 卫星，20 世纪 80 年代后，法国和欧洲航天局分别相继发射了 SPOT(systeme probatoire d’observation dela tarre)系列卫星和 ERS(Europe remote sensing satellite)系列卫星。这些卫星获取的数据在陆地资源调查、环境和灾害监测以及地形测图等众多领域得到了广泛应用。近十年来，高分辨率成像技术、高光谱成像技术和微波成像技术得到了快速发展。目前民用卫星中空间分辨率最高的 Worldview 4 达到了 0.3 米分辨率，美国的高光谱传感器(airborne visible infrared imaging spectrometer，AVIRIS)具有 224 个波段，德国的合成孔径雷达(synthetic aperture radar，SAR)卫星 TerraSAR-X 的分辨率达到了 1 米；我国发射的高分 7 号卫星的分辨率达到了亚米级，高分 5 号卫星具有 300 多个波段，高分 3 号卫星具有 SAR 成像能力。由此可见，高光谱分辨率、高时间分辨率技术和微波成像技术已成为遥感技术发展的新趋势，并具有良好的应用前景。

随着航空航天技术、传感器技术和数据通信技术的飞速发展，现代遥感技术已经进入一个多传感器、多光谱、多分辨率和多时相的发展新阶段。新型传感器不断涌现，过去的单一传感器已经发展成为现在的多种类型的传感器，能够获取到同一地区的不同空间分辨率(尺度)、不同光谱和不同时相的多模态遥感图像，即来自不同传感器且具有不同光谱类型的图像数据如可见光、红外、SAR、激光雷达(light detection and ranging，LiDAR)和栅格地图等(图 1-1)。多模态数据能为地表监测提供丰富而又宝贵的资料，从而构成了资源调查、环境监测、灾害防治和全球变化研究等多方面应用。

各种单一的遥感传感器获取的单模态图像数据在时相、光谱和空间分辨率方面存在明显的局限性，而现实应用中要对地表进行全面观测和综合分析，仅仅利用一种模态的遥感图像数据是难以满足实际需求的。由于多模态遥感图像能够反映地物的不同特征，所包含的地物信息具有一定的互补性，所以可以根据不同的应用需求，对这些多模态图像进行数据融合，为地表监测提供更加全面、准确和丰富的信息。其中，高精度的图像配准是多模态数据融合的前提条件。

(a) 光学（左）和红外图像（右）　(b) 光学（左）和 LiDAR 强度图（右）

(c) 光学（左）和 SAR（右）　(d) 光学（左）和栅格地图（右）

图 1-1　多模态遥感图像

除了在多模态数据融合方面得到广泛应用外，图像配准也是变化检测、图像拼接、地形图更新、三维重建和飞行器导航等工作的基本预处理步骤。实际中，受传感器的成像方式、地球自转、大气折射和地形起伏等因素的影响，获取到的遥感图像往往存在较大的几何变形，进行图像配准是进一步的图像分析和应用工作的必要步骤，而且配准精度会对后续的图像分析工作产生重要的影响。比如在变化监测中，如果没有对遥感图像进行较高精度的配准，在图像间检测到的变化信息则可能是由图像间位置交错而产生的并非图像本身发生的改变，这将会大大地影响变化检测的精度。遥感图像的拼接中，首先需要对图像进行配准来保证图像间重叠范围内的像素一一对应，否则若图像在拼接缝位置发生偏移，拼接工作将无法顺利进行。在地形图更新之前也需要对遥感图像进行几何纠正，消除图像的几何畸变，使图像与地球表面完全地配准或叠合在一起。在三维重建和飞行器制导等方面，图像配准也是必不可少的预处理步骤。由此可见，图像配准在众多应用领域中都发挥了不可或缺的作用。

国际上的一些主流商业软件如 ERDAS 和 ENVI，虽然集成了图像自动配准模块，但只适用于单模态(同一传感器)图像的配准，不能有效地实现多模态图像的自动配准[3]。在实际生产中，多模态图像配准大多要求人工输入控制点，即由用户在图像间目测同名点，然后进行配准，这种方法需要耗费大量的人力和物力，而且受主观因素的影响，会出现不同程度的配准误差，影响了生产效率，寻找一种快速、精确、自动的图像配准方法有着较大的业务需求和应用前景。另外，多模态遥感图像间往往存在较大几何变形和灰度(辐射)差异①(图 1-1)，导致同名点的自动获取非常困难。因此，多模态遥感图像的自动配准是当今研究的热点和难点问题。

1.2 图像配准技术概述

1.2.1 图像配准的定义

图像配准是将不同时相、不同传感器和不同拍摄条件下获取的两幅或多幅图像进行匹配和叠加，使图像间的像素精确对准的过程[4]。在配准过程中，指定其中一幅图像作为参考图像 $I_1(x,y)$，与之进行匹配的图像称为输入图像 $I_2(x,y)$，图像配准的数学定义如下

$$\hat{T}(x,y)=\underset{T(x)}{\arg\max}\left[\Psi(I_2(T(x,y)),I_1(x,y))\right] \tag{1-1}$$

式中，$\Psi(.)$代表相似性测度函数，$T(x)$代表二维几何变换模型。图像配准的目的是求解参考图像和输入图像之间的最优几何变换模型。在实际过程中，通常首先需要在图像间进行同名点匹配，然后根据获得的同名点求解图像间的几何变换模型。

1.2.2 图像配准的基本步骤

在过去几十年中，随着计算机性能的不断提升和传感器制作工艺的持续进步，图像配准已逐渐成为数字图像处理和分析的关键步骤，在计算机视觉、医学图像分析、遥感和军事等领域得到了广泛的应用。大多数图像配准的过程主要分为以下四个步骤[4](图 1-2)。

(1)特征提取：在参考图像和输入图像上提取明显的特征，如角点、边界、轮廓以及封闭区域等。

① 灰度差异：同一场景下的同一地物在不同图像上呈现出不同的灰度信息。

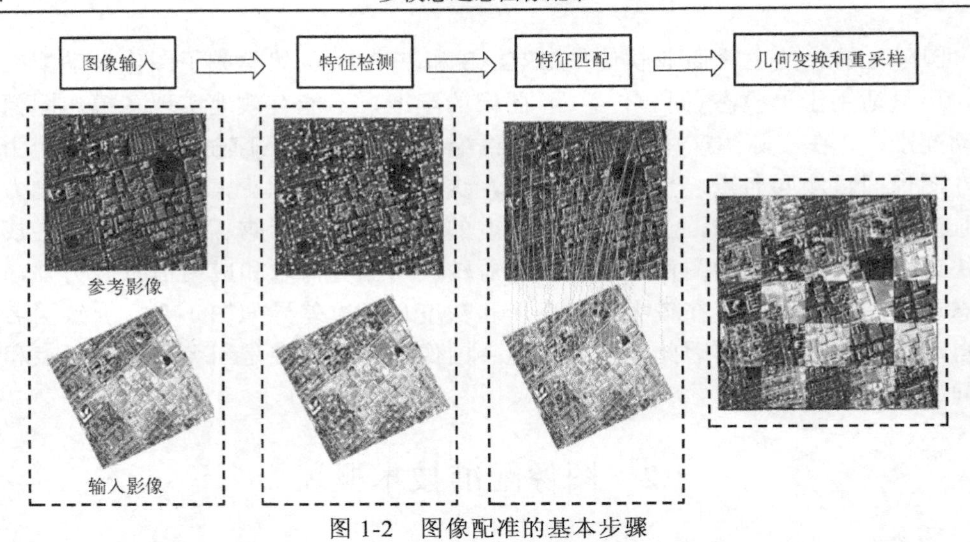

图 1-2　图像配准的基本步骤

(2)特征匹配：通过特征之间的相似性进行匹配，建立特征的对应关系，获得图像间的同名点或同名区域。

(3)几何变换模型估计：选择能够将参考图像和输入图像对齐的几何变换模型，并利用同名点的坐标估计变换模型的参数。

(4)图像变换和重采样：利用变换模型对输入图像进行几何变换(或纠正)，并对变换后图像的灰度值进行重新赋值。

1.2.3　配准精度评价

配准精度评价是衡量配准结果好坏的重要环节，而通常两幅图像间真实的变换参数是未知的，难以直接分析图像配准的几何误差。实际过程中，配准精度评价分为两种方法，即定性评价和定量评价。定性评价通常是将参考图像与配准后的图像叠加在一起，通过目视检测定性地判断配准结果的好坏。在定量评价中，一种常用的方式是人工地在参考图像和配准后的图像间选取一定数量的同名点对作为检查点，利用检查点对之间的均方根误差(root mean square error，RMSE)和平均绝对误差(mean absolute error，MAE)作为精度评定指标，公式表示如下

$$\mathrm{RMSE}=\sqrt{\frac{\sum_{i=1}^{N}(x-x')^2+(y-y')^2}{N}} \tag{1-2}$$

$$\mathrm{MAE}=\frac{\sqrt{\sum_{i=1}^{N}(x-x')^2+(y-y')^2}}{N} \tag{1-3}$$

式中，(x,y) 代表参考图像的坐标，(x',y') 代表配准后图像的坐标。检测点的 RMSE 和 MAE 值越小说明配准精度越高。

1.3 多模态遥感图像自动配准所面临的挑战

不同传感器的成像模式和成像波谱不同，使得多模态遥感图像往往在几何和灰度(辐射)方面存在着较大的差异。同时，地表环境随着时间变化而不断改变，这导致不同时间获取的遥感图像包含了不同的地物信息。这些因素给多模态遥感图像的自动配准带来了以下几个方面的问题。

(1)传感器成像方式不同造成的差异。

目前遥感传感器的成像方式可分为光机扫描式、推帚扫描式和雷达侧视成像三种类型。不同成像的方式会导致地物目标出现不同形式的几何变形，再加上传感器侧视角度、地表起伏等因素的影响，造成图像局部范围内存在不可预知的几何畸变，使得遥感图像的精确配准十分困难。图 1-3 为不同侧视角度获取的两幅遥感图像，图像中的建筑物呈现出不同方向的倒伏现象。

(a) WorldView2 全色图像

(b) Quickbird 全色图像

图 1-3 不同视角成像的遥感图像

(2)图像的分辨率或尺度差异。

由于传感器平台飞行高度以及传感器拍摄的瞬时视场角的不同，所获取的图像往往具有不同的空间分辨率。不同分辨率的图像呈现出不同的细节信息，导致图像间共有特征提取的难度较大。图 1-4 显示了两组不同分辨率的遥感图像。可以看出，高分辨率的图像呈现出清晰的细节，特征信息丰富，而低分辨率的图像相对更模糊，特征信息较少。

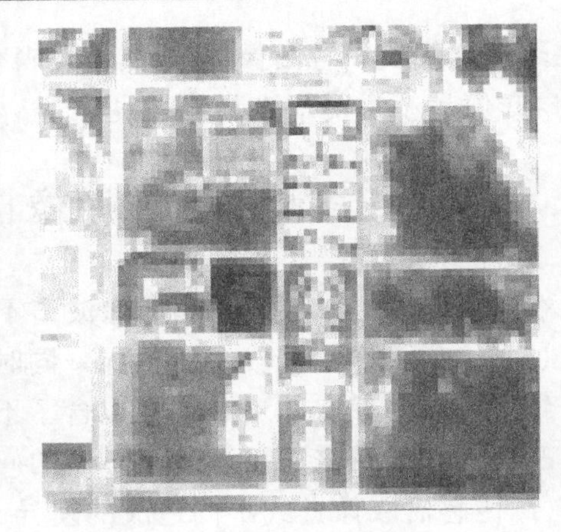

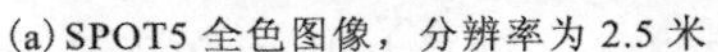

(a) SPOT5 全色图像，分辨率为 2.5 米　　(b) SPOT5 波段 1 图像，分辨率为 10 米

图 1-4　不同分辨率的遥感图像

(3) 图像获取时间不同造成的差异。

在对地观测中，卫星传感器在不同的时间对地表的同一区域进行监测。而随着时间的改变，地表覆盖会随之发生变化，导致多时相的图像间呈现出不一致的内容。如图 1-5 所示，可以发现，在椭圆内，地表目标发生了明显的变化，导致两幅图像间共有区域减少，大大地增加了图像自动配准的难度。

(a) 2003 年 4 月 Google Earth 图像　　(b) 2007 年 8 月 Google Earth 图像

图 1-5　旧金山地区不同时间的遥感图像

(4) 图像的光谱差异。

遥感是通过获取地物发射和反射的电磁波来探测地表信息的一种技术。地物在不同波谱下的辐射特性有所不同，在遥感图像上呈现为不同的灰度信息，比如可见光图像反映的是一般的视觉特征，而红外图像更多地反映地物的温度特性，所以不同光谱

的遥感图像间存在较大的灰度差异。图 1-6 显示一组增强型专题绘图仪(enhanced thematic mapper，ETM+)传感器的可见光图像和近红外图像，两幅图像的灰度具有明显的差异，并且在部分区域还出现了灰度反相的情况，如在可见光图像上河流为白色(图 1-6(a))，而在近红外图像上却呈现出黑色(图 1-6(b))。这些差异使得图像的灰度信息不能直接进行比较，也影响了特征提取的重复率，容易导致误匹配的发生。

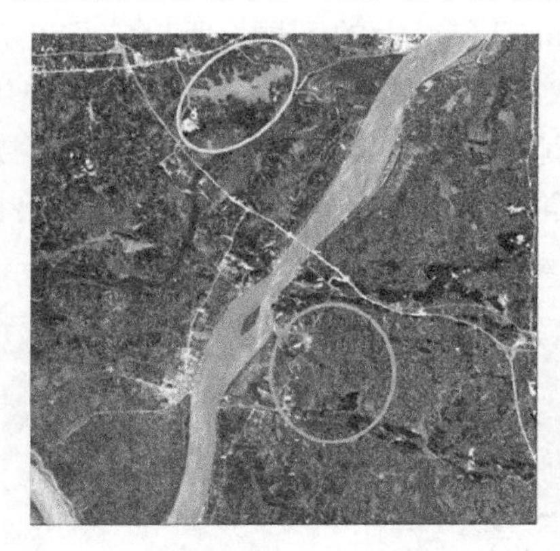

(a) ETM+波段 1(可见光)

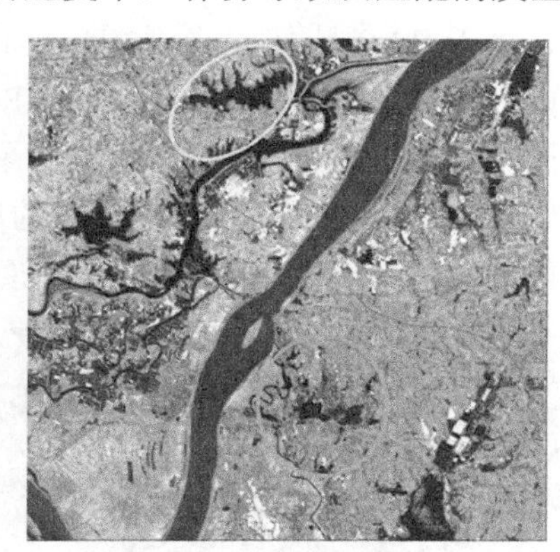

(b) ETM+波段 4(近红外)

图 1-6 不同光谱的遥感图像

(5) LiDAR 数据和光学图像的差异。

LiDAR 是一种能够快速获得物体三维信息的重要技术，和光学图像具有较大的互补性。在 LiDAR 点云数据和光学图像的配准过程中，可以将 LiDAR 点云内插生成强度图，然后再进行匹配和配准。由于 LiDAR 通过发射激光脉冲来获取地表信息，所以它生成的强度图与光学图像具有较大的差异。图 1-7 显示了一组

(a) LiDAR 强度图

(b) 光学图像

图 1-7 LiDAR 强度图与光学图像

城市地区的 LiDAR 强度图和光学图像，两幅图像在灰度方面的差异非常明显，LiDAR 强度图像的纹理细节粗糙，并且具有较大的噪声，而光学图像的纹理细节更加丰富。这些差异导致 LiDAR 强度图和光学图像的自动配准非常困难。

(6) SAR 图像和光学图像的差异。

SAR 是一种主动式的传感器，利用微波技术并通过侧视成像的方式来探测地表信息。由于 SAR 图像与光学图像的成像机理有很大的不同，所以它们在几何和灰度方面都存在显著的差异，同时 SAR 图像还具有明显的相干斑噪声。图 1-8 显示了一组同一地区的 SAR 图像和光学图像，两幅图像的局部纹理和灰度信息差异非常大，比如从光学图像上可以发现清晰的田埂轮廓，而 SAR 图像则没有呈现出相应的信息。由此可见，SAR 图像和光学图像的自动配准是一项极具挑战性的工作。

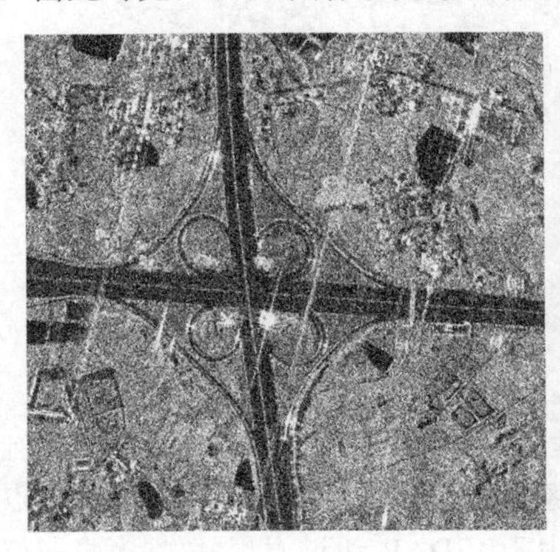

(a) SAR 图像

(b) 光学图像

图 1-8　SAR 图像和光学图像

1.4　研究现状和发展趋势

在过去几十年中，图像自动配准技术得到了快速的发展。国内外众多学者针对图像应用的不同方面提出了大量的图像配准方法。相应地，一些学者对已有的配准方法进行了综述和总结。1992 年，Brown 首先对当时已有的图像配准方法进行了分类和总结，并详细了探讨了各种方法的优缺点[5]。2003 年，Zitova 详细地介绍了计算机视觉、医学和遥感等应用领域的各类图像配准方法，探讨了每类图像配准方法的适用性，同时对图像自动配准技术的发展趋势进行了展望[4]。另外，由于研究对象和目标的不同，在不同的应用领域也出现了相应的关于图像配准的综述性文献，包括医学领域[6,7]和遥感领域[8,9]。由于本书的研究对象是遥感图像，所以下面将以遥感领域中图像配准技术的发展为主，对现有的图像配准方法进行介绍和分析，同时探讨和展望未来的发展趋势，以及当前所面临的配准难题。

在图像配准的过程中，特征提取和特征匹配是最为重要的步骤。根据匹配方式的不同，可以将大多数图像配准方法分类为基于区域的方法和基于特征的方法。此外，以深度学习为代表的人工智能技术目前已经在遥感图像配准领域已经得到了广泛的应用，因此本章将基于深度学习的配准方法单独归为一类进行描述。

1.4.1 基于区域的配准方法

基于区域的配准方法可以认为是一种模板匹配的方法，其中特征提取和特征匹配同步进行。该方法首先在输入图像上定义一个模板窗口，然后以某种相似性测度为准则，在参考图像上寻找对应的模板区域，并选择模板的中心点作为同名点，最后根据同名点确定图像间最优的几何变换关系。根据图像灰度信息表达方式的不同，基于区域的方法可细分空间域配准和频率域配准。在空间域的配准方法中，常用的相似性测度是灰度差平方和[10]、归一化相关系数[11]和互信息[12]。灰度差平方和的计算简单，能够快速进行同名点匹配，不过该方法对于图像间灰度差异非常敏感，不适用于多模态遥感图像的配准[13]。归一化相关系数是图像配准中比较经典的相似性测度，由于它对于灰度变化具有线性不变性，而且计算效率较高，已经被广泛地应用于遥感图像配准[14-16]。但同时，相关系数和灰度差平方和类似，对于图像间的灰度差异比较敏感，尤其是非线性的灰度差异[17]，因此相关系数也不能很好地应用于光谱差异较大的多模态遥感图像(如光学和 SAR 等)的配准。互信息起源于信息论，最早应用于医学图像的配准。互信息描述图像间的统计信息，可较好地抵抗图像间的灰度差异，近年来已被逐渐用于多模态遥感图像的自动配准[18,19]。尽管如此，互信息忽略了邻域像素间的空间信息，降低了其配准性能[20]。另外，互信息较大的计算量也限制了它在多模态遥感配准领域的广泛应用。

频率域的配准方法主要是指基于傅里叶变换的图像配准方法。该类方法的理论基础是图像在空间域中的平移、旋转和尺度变换在频率域中均有相应的体现。其中，相位相关技术是图像配准中最常用的基于傅里叶变换的方法，它能够快速计算出图像间的平移变化[21]，并且对傅里叶变换的结果在对数极坐标下进行相关运算能够获取到图像间的旋转和尺度关系[22]。最近，基于傅里叶变换的配准方法已经提高到了子像素的精度[23]，并且有一部分学者已经把该项技术引入到了遥感图像的配准[24-26]。相比于空间域的配准方法，频率域的配准方法计算效率更高，而且受噪声的影响更小，但这类方法需要对图像进行对数极坐标转换，在此过程中容易引入一系列插值误差，而当图像间存在较大几何形变时，其有效性将有所下降。

以上基于空间域和频率域的方法大多都是利用图像的灰度信息进行相似性度量，难以较好地适应于显著非线性灰度差异的多模态遥感图像的自动配准。近年来，有研究发现，虽然多模态遥感图像间灰度差异较大，但其结构和形状属性具有较高的相似性。于是，相关学者利用结构特征构建相似性测度进行匹配。常用的结构特征描述符包括梯度方向直方图[27]、局部自相似[28]、边缘方向直方图[29]等。Ye 等利用具有光照和对比度不变性的相位一致性模型构建了一种描述几何结构相似性的匹配测度——相位一致性方向直方图(histogram of orientated phase congruency，HOPC)，成功地应用于多模态图像的匹配[30,31]。在此基础上，Fan 等将非线性扩散模型融入到几何结构特征相似性测度的构建中，提高了匹配的正确率[32]。随之，Ye 等提出了一种通用的基于结构相似性的多模态模板匹配框架，可以整合各种特征描述符进行匹配[33]。同时，在该框架下，还构建了一种新型的结构特征描述符——方向梯度特征通道(chanel feature of orientated gradient，CFOG)，进一步地提高了匹配精度和计算效率[33]。

1.4.2　基于特征的配准方法

基于特征的配准方法首先在图像间提取特征，然后对特征进行描述，通过描述符之间的相似性进行同名点匹配，最终实现图像的配准。目前基于特征的配准方法主要包括基于点特征的方法[34,35]、基于线特征的方法[36,37]和基于面特征的方法[38,39]。这些方法通常需要在图像间提取出稳定的共有特征，而对于具有显著几何形变和辐射差异的多模态遥感图像而言，共有特征的提取本身也是现在的研究难题[18,40]，因此基于特征的配准方法在多模态遥感图像的自动配准上还存在一定的局限性。

最近在计算机视觉领域，局部不变性特征得到了快速的发展，并被广泛地应用图像匹配。局部不变性特征提取包括局部特征检测和局部特征描述符两个步骤，局部特征可以视为一种表示图像局部属性的点特征，主要包括角点和斑点(Blob 点)。1977 年，Moravec 提出了利用灰度方差提取局部点特征的算子[41]。在此之后，相继涌现出了 Hessian、Forstner[42]、Harris[43]和 SUSAN[44](small univalue segment assimilating nucleus)等众多点特征提取算子。随着图像尺度空间理论的成熟，又出现了一系列的具有尺度不变性的特征点检测算子。Lindeberg 对图像尺度空间进行完整的论述，并证明了尺度归一化的 LoG(laplacian of Gaussian)算子能够很好地在尺度空间进行特征尺度定位[45,46]。Mikolajczyk 等在图像尺度空间中进行 Harris 角点提取，通过利用 LoG 对这些角点进行尺度定位，构建了 Harris-Laplace 算子，该算子能够检测出具有尺度不变性的角点[47]。之后，Mikolajczyk 等根据类似的思想提出了 Hessian-Laplace 算子，能够在尺度空间中提取 Blob 点[48]。Lowe 则提出了 DoG(difference of Gaussian)检测算子，该算子近似于 LoG，而且速度更快[49,50]。为了满足多视图像匹配的需要，学者们相继提出了仿射不变性的局部点特征检测算子，主要包括 Harris-affine[51]、Hessian-affine[52]和 MSER(maximally stable extremal regions)[53]等算子。在实时特征检测方面，FAST(features from accelerated segment test)[54]算子和 FREAK(fast retina keypoint)[55]算子是目前最具有代表性的快速局部点特征检测算法。以上的局部点特征算子因其良好的稳定性在遥感图像配准领域中得到了广泛的应用[56-58]。

局部提取的另外一个重要步骤是局部特征描述。目前，最著名的特征描述符是具有旋转和尺度不变性的 SIFT(scale invariant feature transform)[50]。Mikolajczyk 等对比了几种常用特征描述符，发现 SIFT 描述符的匹配性能最好，并且最稳定[52]，能广泛地应用于遥感图像的配准。李晓明等首先使用 SIFT 算子对遥感图像进行了配准试验，并取得了较好的效果[59]。Yi 等对了 SIFT 进行了改进，提出了 SR-SIFT(scale restriction SIFT)算子，该算子通过修改特征点的主方向，同时对特征点间的尺度进行约束，提高了匹配的正确率[60]。为了提取高质量的 SIFT 特征，Sedaghat 等使用自适应的策略使 SIFT 特征点均匀地分布且其特征描述性能更具区分度，构建了 UR-SIFT(uniform robust SIFT)算子[61]和 AB-SIFT(adaptive binning SIFT)算子[62]，并成功地应用于多源光学遥感图像的配准。此外，shape context[63]、SURF(speeded up robust features)[64,65]、ORB(oriented FAST and rotated BRIEF)[66]等不变量特征算子和 SIFT 算子的思想类似，只是在特征提取阶段使用了不同的技术，也能够较好地抵抗图像间的尺度和旋转变化。但是它们和 SIFT 算子一样，主要是针对图像间的尺度和旋转变化所设计的，对于辐射变化的适用性较弱，难以有效地应用于辐射差异较大的多模态遥感图像的自动配准。

1.4.3 基于深度学习的配准方法

前面介绍的匹配方法所使用的特征是人为设计的，没有经过抽取和筛选，信息较为冗余，而且往往容易忽略深层次的语义信息，特征表达能力有限。深度学习的出现可以有效地解决这一问题，通过从样本标签中学习深度语义特征，使提取的特征更为鲁棒和稳健。基于深度学习的匹配技术最早出现在计算机视觉领域的图像匹配上[67,68]，目前已逐渐地应用于遥感图像的配准。和传统匹配方式一样，深度学习匹配技术也包括基于区域的方法和基于特征的方法。基于区域的方法利用深度学习技术提取图像特征，然后采用模板匹配的方式进行同名点识别。其中最常用的深度网络模型是孪生网络[69]，该模型由两个部分构成，第一部分利用深层卷积网络提取图像间的共有特征，第二部分则通过网络模型度量这些特征之间的相似性，从而确定匹配关系。Merkle 等首先将孪生网络应用于光学和 SAR 图像的自动配准，并以 SAR 图像作为基准改善了光学图像的定位精度[70]。Hughes 等考虑到光学和 SAR 图像间的异质性，利用伪孪生网络进行特征提取，提高了匹配性能[71]。Li 等提出了一种基于深度语义特征的模板匹配框架，可以较好适应于图像间的尺度和旋转变化[72]。另外，生成对抗网络模型(generative adversarial networks，GANs)也被应用于遥感图像的配准。这类方法首先利用 GANs 对图像进行翻译，使图像间具有相似的灰度信息，然后再利用传统的匹配方法进行图像配准，也在一定程度上提高了图像匹配的效率[73,74]。

基于特征的深度学习匹配方法通常利用卷积神经网络来提取图像间的局部特征，然后对局部特征进行描述，同时构建合理的损失函数确定匹配关系。Wang 等设计了一种端对端的网络模型学习局部图像块之间的相似性，并利用迁移学习减少了训练样本的数量，成功地应用于多模态遥感图像的配准[75]。蓝朝桢等利用卷积神经网络提取多模态遥感图像的稠密特征图，并在该特征图上进行特征点检测和特征点描述，提出了能适用于几何和灰度差异的深度学习匹配方法[76]。Cui 等构建了适应于光学和 SAR 匹配的卷积神经网络模型，并通过融入注意力机制和空间金字塔池化策略，提高了图像匹配的精度[77]。

综上所述，深度学习技术有效地提高了多模态遥感图像匹配的效率，但是目前大多数深度学习匹配方法都需要大量的训练样本，而目前公开的训练样本集不足以适用于各种类型的多模态图像。由于多模态遥感图像包括了各种传感器的遥感数据，这些数据通常具有不同的分辨率、不同的光谱属性、不同的时相性，制作一个能够适用于各种多模态遥感图像匹配的通用训练样本库将是一个非常巨大的工程。因此，基于深度学习的匹配技术在实际工程应用中受到了一定程度的限制。

1.4.4 发展趋势

作为遥感图像处理与分析的一个重要的预处理步骤，图像配准对于图像融合、变化检测、地物解译等遥感应用领域产生重要的影响。近几十年来，虽然图像配准技术得到了快速的发展，但是多模态遥感图像的自动配准依然是当前国际研究的难点。由于结构特征的引入，基于区域的匹配方法可以较好地抵抗多模态图像间的非线性灰度差异，但是其对于几何畸变较为敏感。基于特征的匹配方法通过利用局部不变性特征进行匹配，能较好地适应图像间的旋转和尺度等几何变化，但是受图像间灰度差异影响较大。基于深度学习的匹配方法可以从样本标签中学习到反映多模态图像间共有属性的深度特征，可以较好抵抗图像间的几何畸变和灰度差异，但是该类方法通常需要大量的训练样本，而训练样本的制作是一项非常耗时、耗力的工程，这限制了基于深度学习的匹配方法在实践中的广泛应用。

因此，构建具有几何和辐射不变性的匹配方法，建立无监督深度学习的匹配框架将是今后的发展方向。

1.5　本书主要内容

本书将在现有配准方法的基础上，充分利用遥感图像的特点，重点研究和解决多模态遥感图像(包括可见光、红外、LiDAR 和 SAR)配准的关键理论和技术。本书首先进行图像处理的基础知识的介绍，便于读者理解后续的配准方法，然后重点介绍图像特征提取方法、图像匹配度量准则、几何变换模型和误匹配剔除方法、结构相似性多模态匹配框架，最后介绍自主研制的多模态遥感图像自动配准系统。本书总体结构安排如图 1-9 所示，图中用箭头标出了各章之间的内在联系。

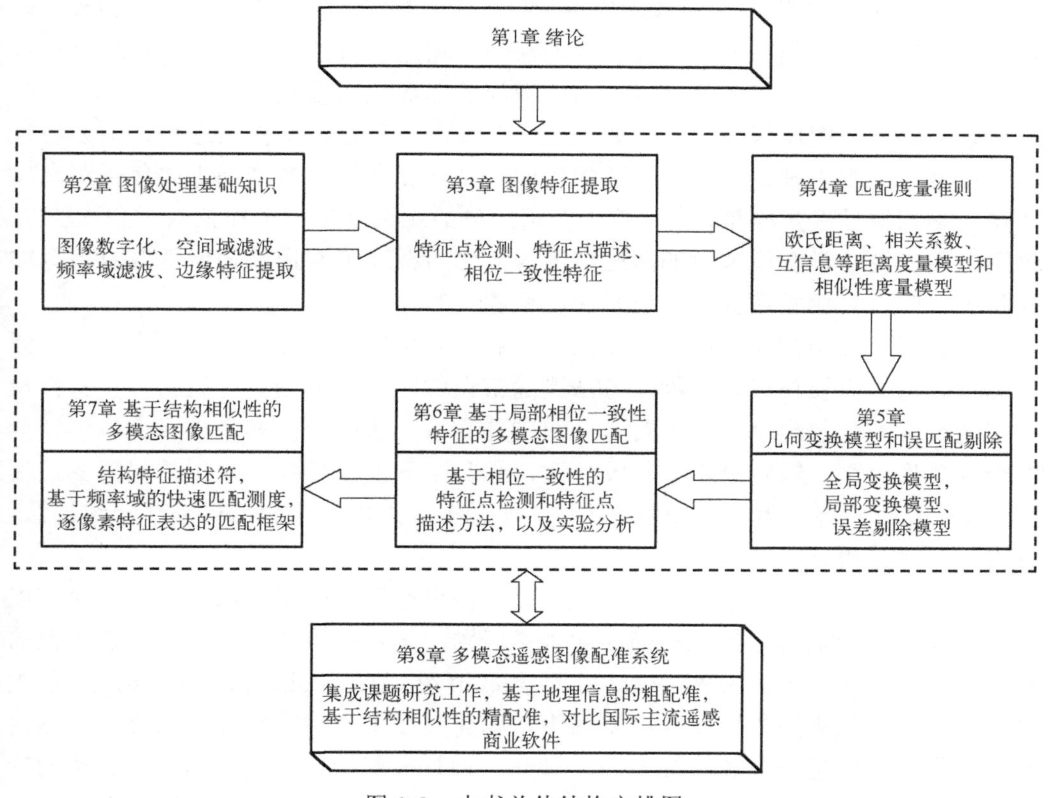

图 1-9　本书总体结构安排图

第 1 章为绪论，概述多模态遥感图像自动配准的研究意义、原理方法、研究现状和发展趋势，以及本书的内容和结构安排。

第 2 章介绍图像处理的基本知识。本章首先描述图像数字化的相关概念，然后介绍图像空间域处理的基本方法，如常规灰度处理、直方图处理以及空间滤波等技术，接着阐述图像频率域处理的基本操作如一维、二维傅里叶变换，频率域滤波以及快速傅里叶变换的原理，最后考虑到边缘信息是图像匹配中常用的特征，描述目前常用的几种边缘提取算法如一阶微分梯度、拉普拉斯算子、Canny 算子等。通过掌握这些图像处理的基本知识，读者可以更好地理解后续介绍的多模态遥感图像匹配算法。

第 3 章介绍图像匹配中常用的特征提取方法。特征提取是图像匹配非常重要的步骤，只有在图像间提取高重复率、高区分度的特征，才能保证后续图像配准的稳定性和精度。本章首先介绍了当前主流的特征点检测方法如 Harris-Laplace、Hession-Laplace、DoG 和 MSER 等算子，然后阐述 SIFT、SURF、Shape context 和 BRIET 等特征点描述符的基本原理，并对这些算子的适用范围进行了总结，最后介绍一种具基于频率域的特征提取方法——相位一致性，该特征具有光照和对比度不变性，可以较好地处理多模态图像间的非线性灰度差异。

第 4 章介绍图像匹配中常用的相似性度量准则。在特征提取之后，需要通过相似性度量准则来确定特征间的匹配对应关系。相似性度量准则主要包括距离度量模型和相似性度量模型，本章首先介绍经典的距离度量模型如范数、差平方和、汉明距离以及基于灰度映射的匹配测度等，然后概述了常用的相似性度量模型如互相关、归一化相关系数、互信息和相位相关等。

第 5 章介绍图像配准的几何变换模型和误匹配剔除方法。在特征提取和相似性度量之后，需要通过误差剔除方法删除错误的匹配，并选定合适的几何变换模型实现最终的图像配准。本章首先介绍刚体变换、仿射变换和多项式变换等经典的全局变换模型，然后概述了分段线性、薄板样条和 B 样条等常用的局部变换模型，最后介绍两种常用的误差剔除方法，即最小二乘均值法和随机采样一致性法，并进行对比分析。

第 6 章研究基于局部相位一致性特征的多模态图像匹配方法。针对多模态遥感图像间几何和辐射差异造成的匹配困难问题，本章提出基于相位一致性模型的特征点匹配方法——LHOPC（local histogram of orientated phase congruency）。首先将相位一致性最小矩扩展到尺度空间中，构建尺度不变性特征点检测算子，然后利用相位一致性特征值和特征方向，设计一种具有旋转、尺度和辐射不变性的特征点描述符。通过利用不同光谱、不同时相和不同分辨率的多模态遥感图像进行实验，验证 LHOPC 算子的有效性。

第 7 章研究基于结构相似性的多模态图像匹配方法。考虑当前的模板匹配方法主要利用灰度或者纹理相似性进行同名点识别，无法有效抵抗图像间非线性灰度差异的局限性，本章提出一种基于结构相似性的多模态遥感图像匹配框架，该框架可以整合各种局部特征如HOPC、CFOG、LSS(local self-similarity)和SURF等进行图像匹配，并具有较高的稳健性和计算效率。通过利用光学、红外、SAR、LiDAR和栅格地图等多种多模态遥感图像进行试验，证明该匹配框架的有效性。

第8章构建多模态遥感图像自动配准系统。本章介绍我们自主研发的基于结构特征相似性的多模态图像自动配准系统，该系统首先利用遥感卫星自带的地理参考信息或者有理多项式参数对图像进行粗纠正，消除图像间明显的几何畸变，然后利用结构相似性度量模型进行匹配，实现图像间的精确配准。该系统可以处理大尺寸的遥感图像，而且试验证明其匹配性能要明显优于当前国际主流的遥感商业软件如ERDAS、ENVI和PCI，具有较好的工程化应用潜力。

1.6 本章小结

本章首先介绍了多模态遥感图像配准的意义，然后对图像配准进行了定义，并指出了当前多模态图像自动配准所面临的挑战。接着概述了目前主流的多模态遥感图像配准方法，并从区域匹配、特征匹配和深度学习匹配三个方面分析了各类方法的研究现状和优缺点，同时给出了多模态遥感图像自动配准的发展趋势。最后介绍了本书的主要内容以及各章节的安排。

第 2 章　图像处理基础知识

本章主要介绍一些图像处理的基本概念以及常用的图像处理操作，为后续图像配准方法的介绍提供知识储备。2.1 节简述图像数字化的相关知识，包括采样和量化、数字图像表示以及空间和灰度分辨率。2.2 节和 2.3 节分别介绍图像在空间域与频率域中的常规处理手段。2.4 节概述图像的边缘提取相关内容，包括边缘的基本概念、常见的边缘提取算子以及边缘提取的效果评价。

2.1　图像数字化

2.1.1　采样和量化

在获取数字图像的时候，使用的大多数传感器实际输出的都是连续的电压波形，这些波形的幅度和特性反映了传感器所感知到的外界环境，即对外界环境的模拟信号。为了得到一幅数字图像，需要将这些连续的模拟信号转换成离散的数字信号，这个过程需要进行两种处理：采样和量化。

为了便于理解，这里从一个标准正弦模拟波的采样和量化来引入。模拟信号是连续的，也就是说在一定时间段内的模拟信号是由无数个点组成的，要将每一个点都保存下来显然是不可能的，也是没有必要的，所以可以采用隔一段记录一个点的方式来存储这段模拟信号，这个过程就是采样，如图 2-1(b)所示。

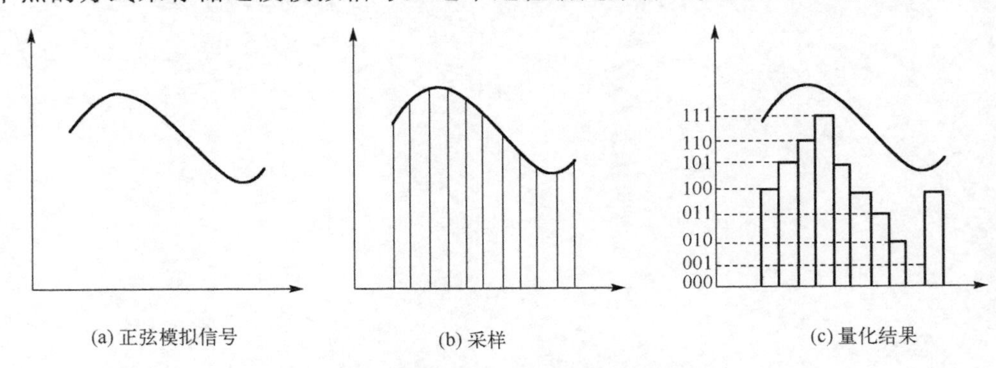

(a) 正弦模拟信号　(b) 采样　(c) 量化结果

图 2-1　正弦模拟信号的采样和量化

通过对连续的模拟信号进行采样，就能记录下离散的数字信号，记录下来的每一个点都有其对应的幅值，则需要将这些值记录在计算机中，考虑到计算机是二进制的，为了便于计算，这里可以把这些幅值近似地记录为 $0 \sim 2^N$ 范围中的一个整数，这个过程称为量化，如图 2-1(c)所示。

有了上面的基础，图像的采样和量化也只不过是将处理的数据从一维推广到了二维。对于一幅连续的图像 $f(x,y)$，需要将它转换成数字形式。一般来说图像的 x 和 y 坐标以及幅值都是连续的，这里对坐标值的数字化处理就如同对模拟信号的隔段记录，称为采样；对于幅值(即灰度值)的数字化过程也与之同理，称为量化。整个流程就如同用方格网来分割一幅图像，每一方格中的图像块作为一个像素，并采用一个近似的整数来进行描述每个像素的灰度值，如图 2-2 所示。

(a) 确定采样间隔

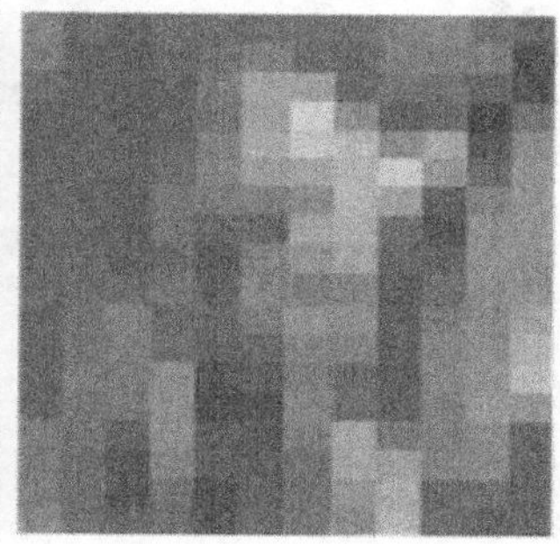

(b) 采样

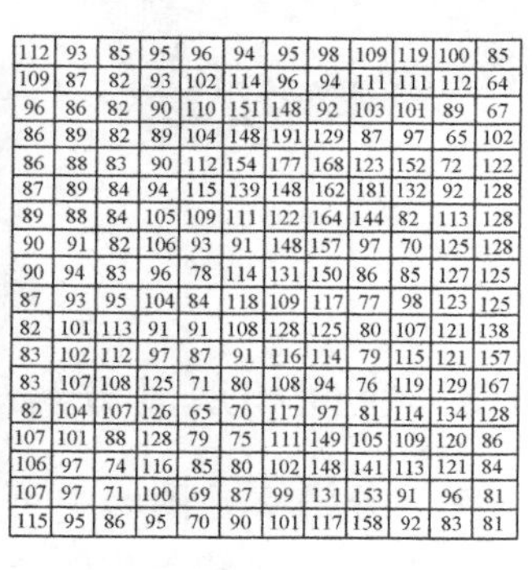

112	93	85	95	96	94	95	98	109	119	100	85
109	87	82	93	102	114	96	94	111	111	112	64
96	86	82	90	110	151	148	92	103	101	89	67
86	89	82	89	104	148	191	129	87	97	65	102
86	88	83	90	112	154	177	168	123	152	72	122
87	89	84	94	115	139	148	162	181	132	92	128
89	88	84	105	109	111	122	164	144	82	113	128
90	91	82	106	93	91	148	157	97	70	125	128
90	94	83	96	78	114	131	150	86	85	127	125
87	93	95	104	84	118	109	117	77	98	123	125
82	101	113	91	91	108	128	125	80	107	121	138
83	102	112	97	87	91	116	114	79	115	121	157
83	107	108	125	71	80	108	94	76	119	129	167
82	104	107	126	65	70	117	97	81	114	134	128
107	101	88	128	79	75	111	149	105	109	120	86
106	97	74	116	85	80	102	148	141	113	121	84
107	97	71	100	69	87	99	131	153	91	96	81
115	95	86	95	70	90	101	117	158	92	83	81

(c) 量化

图 2-2　图像的采样和量化

显然，数字图像的质量在很大程度上取决于采样和量化时的采样间隔和灰度级的精细程度。

2.1.2　数字图像的表示

通过 2.1.1 节提到的采样和量化，可以将一幅连续的图像 $f(u,v)$ 转化为数字图像 $f(x,y)$，其中，(x,y) 是离散坐标，假设该数字图像为 M 行 N 列，则这些离散坐标的取值为 $x=0,1,2,\cdots,M-1$ 和 $y=0,1,2,\cdots,N-1$。这样，对数字图像中的每一个像素 (x,y)，都有一个函数关系 f 可以得到其对应的灰度值 $f(x,y)$。有了这个函数关系，就可以绘制出数字图像对应的函数图像，用它来表示原本的数字图像，如图 2-3(a)所示。

函数图像虽然可以表示一幅数字图像，但是一旦图像细节增加，这种图像就会变得非常复杂，难以解读。图 2-3(b)所展示的是最常见的图像表现形式，按照灰度值 $f(x,y)$ 的不同，采用不同的颜色块来显示不同的像素 (x,y)，这种表示方式符合人类的视觉感知，故被大量使用。

第三种表示方式则是将 $f(x,y)$ 的数值简单地显示为一个矩阵，如图 2-3(c)所示，矩阵的每一个数字都对应一个像素，显然这种表示方式对于人眼来说并不直观，但是对于计算机而言则正好合适，在运用算法处理数字图像时，实际上都是在处理这样一个数字图像的矩阵。

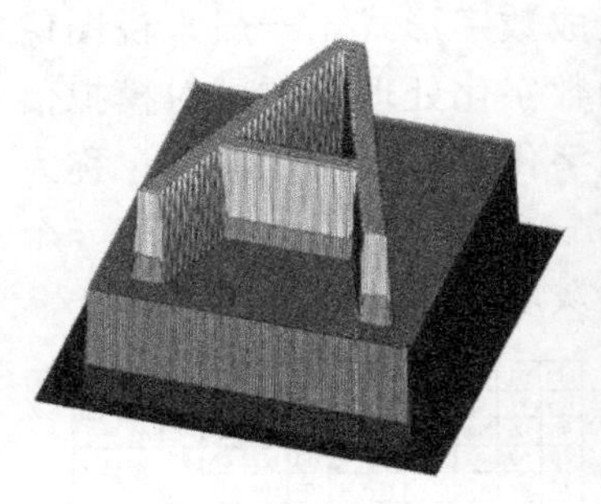

(a) 函数图像表示

(b) 可视灰度阵列表示

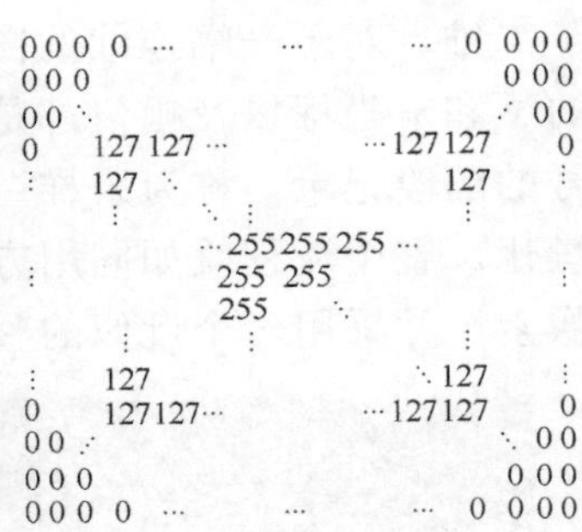

(c) 二维矩阵表示

图 2-3　数字图像的三种表示方式

2.1.3　空间和灰度分辨率

空间分辨率是图像中可以分辨的最小细节的度量，常用的两种度量方式是单位距离的线对数和单位距离的像素点数。

假设一幅图像由黑白相间的线条组成，黑白线条的宽度均为 $2W$(W 可以小于 1)，那么一个线对的宽度就是 2，单位距离的线对数就是 $1/2W$。假设一条线的宽度是 0.02mm，那么单位距离(mm)内就有 25 个线对。

单位距离内像素点的个数也是常用的图像分辨率的度量，常使用的单位是每英寸点数(dot per inch，DPI)，即每英寸能够打印的点的个数，这里称为像素密度。我们通常所说的一幅图像的分辨率为 1024×1024 像素，该数值并不能准确地反映出图像的精细程度，只有当图像的大小固定时，分辨率越高，其像素密度 DPI 也就越高，图像才越精细，如图 2-4 所示。

灰度分辨率则是指灰度级中可分辨的最小变化。在 2.1.1 节中提到过，由于计算机中广泛采用二进制，所以在对灰度值进行量化的时候通常采用的是 2 的整数次幂，即 $L=2^k$。通常认为离散的灰度级是等间隔的，且它们取值的区间为 $[0,L-1]$。对于这样一幅有 2^k 个灰度级的图像，通常称其为“k 比特图像”。因此，一幅有 256 个离散灰度级的图像，称它为 8 比特图像。而比特数为 1 的图像，则只有 0 和 1 两个灰度级。灰度分辨率，正是指这个灰度量化时的比特数。从图 2-5 可以看出，一幅图像的比特数越高，其灰度信息就越精细。比特数较低时，细节则会被忽略，只留下主要的轮廓信息。

(a) 72 DPI　(b) 18 DPI　(c) 9 DPI

图 2-4　不同空间分辨率的图像((a)、(b)、(c)图像的大小分别为 512×512 像素、128×128 像素、64×64 像素，为了便于比较，这里将它们缩放到相同大小)

(a) k=8　(b) k=7　(c) k=6　(d) k=5

(e) k=4　(f) k=3　(g) k=2　(h) k=1

图 2-5　不同灰度分辨率的图像(灰度级数量分为 2^k)

2.2　图像空间域处理

空间域处理是指对图像的像素直接进行处理的操作，通常包括亮度变换、灰度直方图、空间滤波等处理，目的是提高图像的某一特性便于后续操作。在空间域中处理图像的基本公式为

$$g(x,y) = T[f(x,y)] \tag{2-1}$$

式中，$g(x,y)$ 为处理后输出图像；$f(x,y)$ 为处理前输入图像；$T[]$ 为具体的操作变换形式。

2.2.1 图像基本灰度处理

图像基本灰度处理通常是对图像的单个像素值进行操作的一种方式，具有形式简单、针对性强的特点。本节介绍几种经典的基本灰度处理函数，涉及公式中，r 为变换前像素值，s 为变换后像素值。

(1) 灰度反转。

在对灰度级范围为 $[0,L-1]$ 图像进行像素灰度值反转操作时，计算公式如下

$$s=L-1-r \tag{2-2}$$

式中，L 为灰度级最大值。常见的 8 位图像和 16 位图像的 L 分别为 256 和 65536。灰度反转在一些需要关注暗区域中细节的图像中应用效果较好，如图 2-6 所示，图像暗区域轮廓在灰度反转后能被更好显示。

(a) 灰度较暗的图像

(b) 灰度反转后的图像

图 2-6　灰度反转效果图

(2) 对数变换。

对数变换通常用来将占有较小范围的暗像素值部分扩展至较大范围的像素值，其计算公式如下

$$s=c\log(1+r) \tag{2-3}$$

式中，c 为常数。对数变换可以很好地放大暗区域的像素之间的差异，使得图像细节突出，能够更好地区分特征。尤其是在图像灰度级范围较大时，图

像显示中较低灰度的像素出现压缩现象，对数变换后能扩展这部分像素的灰度值，如图2-7所示，对傅里叶变换后的频谱图像进行对数变换能更好地显示频谱信息。

(a)频谱图像

(b)对数变换后的频谱图像

图2-7　对数变换效果图

(3)幂次变换。

幂次变换通常用来压缩或者拉伸一定范围内的较高灰度值或较低灰度值，实现对图像像素之间映射关系的改变，其计算公式如下

$$s = cr^{\gamma} \tag{2-4}$$

式中，c和γ为正常数。随着γ的值不同，幂次变换后的图像呈现完全不同的特征，$\gamma>1$时将较亮区域的像素值对比度增强，$\gamma<1$时将较暗区域的像素值对比度增强。

(4)分段线性变换。

前面介绍的三种灰度处理方法都对图像的全局像素进行统一的处理，而在实际应用中，往往需要对图像的局部像素进行不同的处理，使得整体图像达到更好的应用效果。这就需要采用形式较复杂的分段线性变换，具体的变换形式如图2-8所示，参数由用户需求而定。

如图2-9所示，对一幅图像进行不同的分段线性变换，得到如图2-9(b)和(c)所示的结果，其中，对比度拉伸使得图像的主体细节和背景部分得到区分，阈值处理形成的是简单的二值化图像。

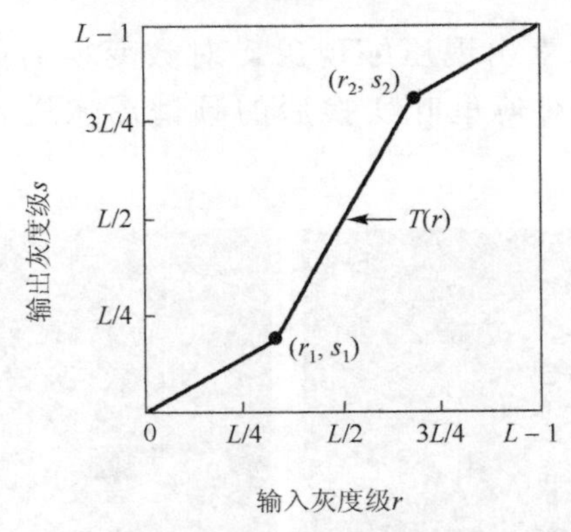

图 2-8　分段线性变换的函数形式

(a) 原图　(b) 对比度拉伸　(c) 阈值处理

图 2-9　分段线性变换效果图[78]

2.2.2　图像直方图处理

图像的直方图即灰度直方图，是一种图像中所有灰度级出现的次数统计的表达方式，一般表示为 $h(r_k)=n_k$，其中，r_k 表示灰度值为第 k 级，n_k 表示此灰度值的像素个数。灰度直方图中提取的信息在图像增强、压缩、分割、描述等方面都有重要的应用价值。图 2-10 展示了三种基本图像的灰度直方图，以便读者对灰度直方图的形式有一个更直观的认识。

(1) 直方图均衡化。

直方图均衡本质上是将直方图的灰度级按照出现频率进行平均化，使得图像中的灰度值分布均匀，便于后续的其他处理。本书针对的是数字图像的处理，故只考虑离散灰度值的直方图均衡，对于离散值，一幅图像中灰度级 r_k 的出现概率为

$$p_r(r_k)=\frac{n_k}{MN},\quad k=0,1,2,\cdots,L-1 \tag{2-5}$$

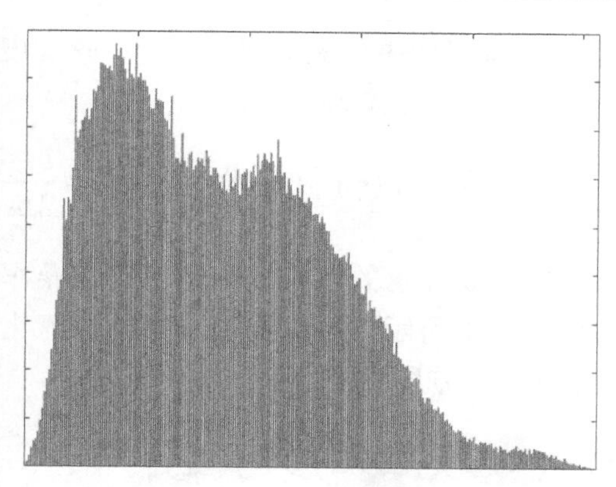

(a)暗图像直方图

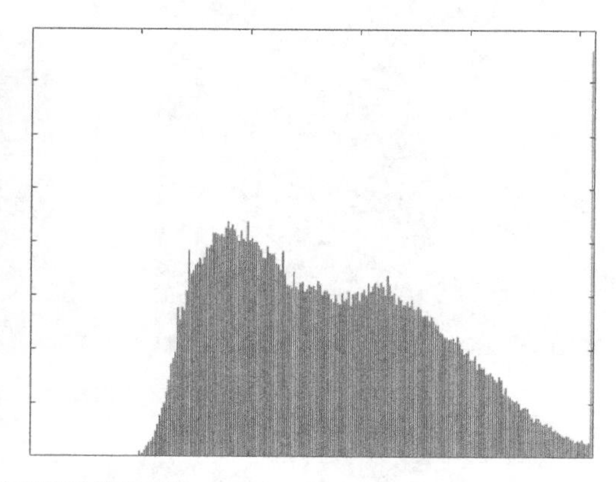

(b)低对比度图像直方图

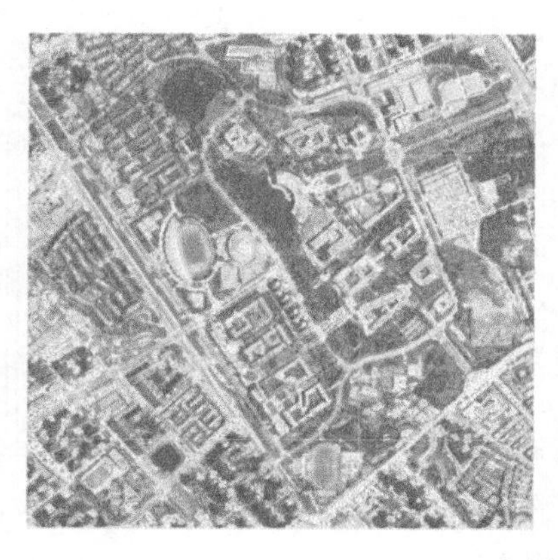
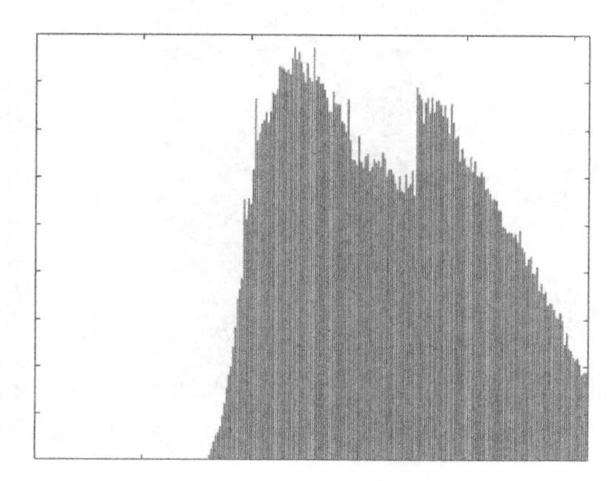

(c)亮图像直方图

图 2-10　三种图像类型的图像及其对应的直方图

式中，MN 为图像中像素总数；k 为对应灰度值。由此得到直方图均衡后的计算灰度值 s_k，其计算公式为

$$s_k = T(r_k) = (L-1)\sum_{j=0}^{k} p_r(r_j) = \frac{L-1}{MN}\sum_{j=0}^{k} n_j, \quad k = 0,1,2,\cdots,L-1 \tag{2-6}$$

对图 2-10 展示的图像，按上述步骤操作后得到的均衡化后图像及其对应的直方图如图 2-11 所示，可以明显看出，均衡化后图像的主体和细节部分得到极大改善，对应的直方图分布更加均匀。

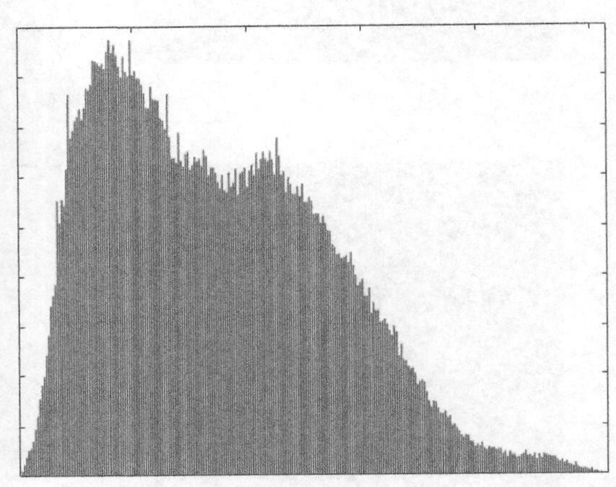

(a) 均衡化之前的图像及其对应的直方图

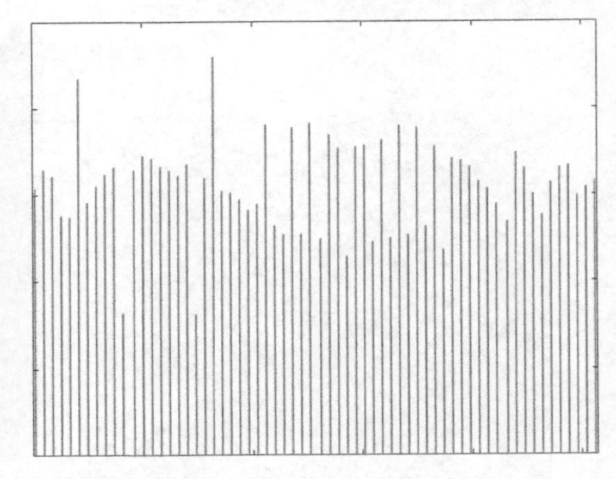

(b) 均衡化之后的图像及其对应的直方图

图 2-11　直方图均衡化

实际上，灰度直方图均衡化改变了灰度的映射关系，并未改变灰度级的范围，所以均衡化后的直方图并不一定完全均匀分布。同时，在一些本身由绝大多数的

单一灰度值构成的图像中，直方图均衡反而会使得图像整体模糊，所以直方图均衡的实际应用需要和需求紧密结合。

(2) 直方图匹配。

前面提到，直方图均衡会造成一些图像整体模糊的情况，在实际应用中，先将图像的直方图变换为规定好的形状，使得其具有已知的图像灰度分布形式能更好地提高图像质量，称为直方图匹配(图 2-12)。

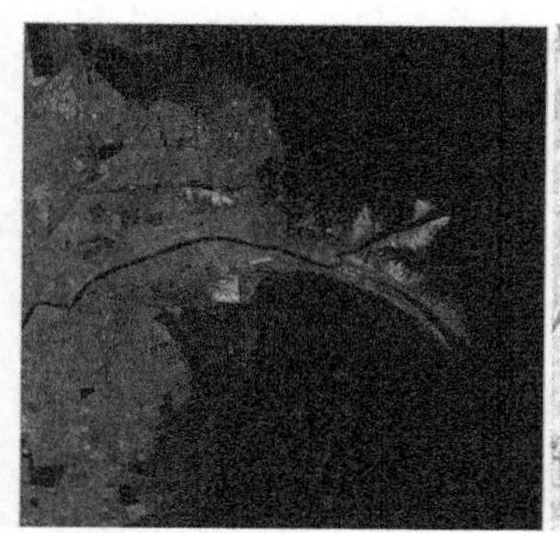

(a) 原图像

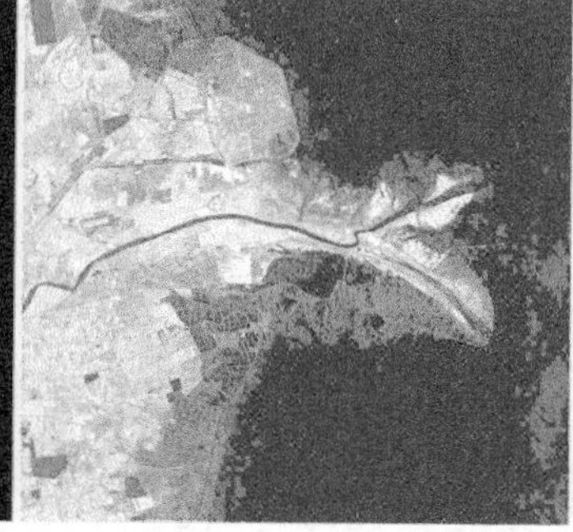

(b) 直方图均衡化图像

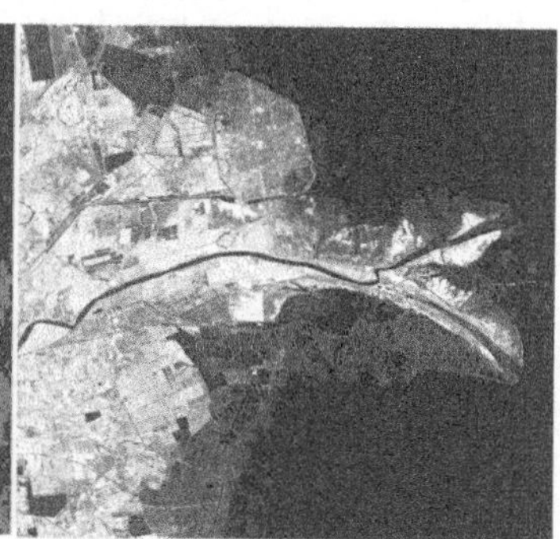

(c) 直方图匹配图像

图 2-12　直方图匹配图像

在实际应用中，进行直方图匹配需要对原图像的灰度直方图特性恢复效果做出假定，通过不断地尝试得到较满意的结果。

2.2.3　图像空间滤波

相较于频率域滤波，空间滤波直接在图像的灰度空间关系上进行操作。通常所说的空间滤波都离不开空间滤波器(空间掩膜、核、模板和窗口)的帮助，利用空间滤波器对一定邻域范围内的像素值进行计算，得到一个具体数值，该数值即为图像邻域范围的中心像素滤波结果。用大小为 $m \times n$ 的滤波器 ω 对大小为 $M \times N$ 的图像 f 进行空间滤波，其计算公式为

$$g(x,y)=\sum_{s=-a}^{a}\sum_{t=-b}^{b}\omega(s,t)f(x+s,y+t) \tag{2-7}$$

式中，$a=(m-1)/2$，$b=(n-1)/2$。在实际应用中，常用的滤波器窗口大小为奇数。$g(x,y)$ 为滤波器处理后的像素值。从上式中可以发现，滤波器是线性计算的，所以式(2-7)讨论的是线性空间滤波。

(1) 空间相关和卷积。

在讨论线性空间滤波时，要对两个含义相近的运算关系加以区分：空间相关

和卷积。相关运算的原理是将滤波器在图像上按照一定规律滑动，计算每个位置的值乘积之和，卷积运算的基本原理与之相似，如图 2-13～图 2-15 所示。

2	3	7	4	6
6	5	8	1	2
3	6	5	7	4
7	2	4	9	3
4	5	3	5	6

3	2	2
1	1	0
2	0	1

48	63	64
71	57	53
51	63	62

图 2-13　相关运算示意图

3	2	2
1	1	0
2	0	1

1	0	2
0	1	1
2	2	3

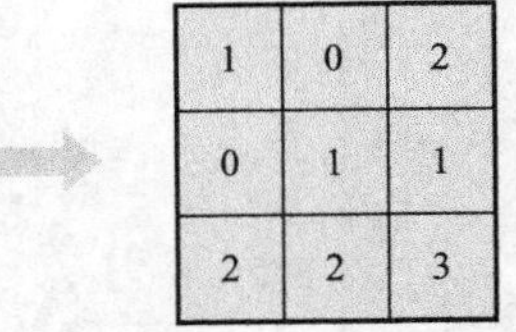

图 2-14　模板翻转 180°示意图

2	3	7	4	6
6	5	8	1	2
3	6	5	7	4
7	2	4	9	3
4	5	3	5	6

1	0	2
0	1	1
2	2	3

62	63	58
63	58	58
46	64	59

图 2-15　卷积运算示意图

相关运算的结果表示为 $\omega(x,y)*f(x,y)$，计算公式如下

$$\omega(x,y)*f(x,y)=\sum_{s=-a}^{a}\sum_{t=-b}^{b}\omega(s,t)f(x+s,y+t) \tag{2-8}$$

卷积是将同样的模板旋转 180°后，再做相关操作。此时，若模板是 180°对称的，那么卷积等价于相关。

卷积运算的结果表示为 $\omega(x,y)*f(x,y)$，其计算公式如下

$$\omega(x,y)*f(x,y)=\sum_{s=-a}^{a}\sum_{t=-b}^{b}\omega(s,t)f(x-s,y-t) \tag{2-9}$$

相关运算体现的是图像之间的内在关联性，而非图像之间的相互作用影响，卷积运算体现了图像之间的相互作用，不受卷积顺序的影响。可以看出，卷积运算就是将相关运算的滤波器旋转 180° 计算得到，这也是相关和卷积运算的本质区别。

(2) 平滑空间滤波。

平滑滤波器应用于对图像的模糊处理和降低噪声。在一些关注大特征的图像中，应用平滑滤波器能够去除杂乱的噪声点和细节碎片，保留图像的主体信息便于后续处理。本节将介绍几种经典的平滑滤波器及其构造方式。

均值滤波器是一种线性滤波器，用于处理因随机噪声导致的图像灰度“尖锐”变化。均值滤波器利用邻域内像素的均值替代实际像素灰度值，降低图像中像素灰度变化的突变性。最简单的均值滤波器以邻域像素值除以滤波器的像素总数得到，有时考虑到邻域像素的空间分布距离不同对中心像素影响不同，会加入不同的权重得到加权均值滤波器。

$$g(x,y)=\frac{\sum_{s=-a}^{a}\sum_{t=-b}^{b}\omega(s,t)f(x+s,y+t)}{\sum_{s=-a}^{a}\sum_{t=-b}^{b}\omega(s,t)} \tag{2-10}$$

高斯滤波器也是一种线性滤波器，能够有效地抑制噪声、平滑图像。其核心思想是对图像邻域内像素值加权平均，中心像素值由自身和周围邻域内的像素值共同决定。式(2-11)给出二维高斯核的构建公式

$$G(x,y)=\frac{1}{2\pi\sigma^2}\mathrm{e}^{-\frac{x^2+y^2}{2\sigma^2}} \tag{2-11}$$

式中，σ 为滤波器的标准差。σ 值越小，滤波器的中心系数较大，平滑效果降低，反之，平滑效果增大，接近均值滤波效果。

统计排序滤波器是一种非线性平滑滤波器，这种滤波器对邻域内像素值进行比较，根据统计排序结果得到最终滤波结果。中值滤波器就属于一种统计排序滤波器，它选择排序结果的中间值替代中心像素值，对图像中存在的椒盐噪声(也称脉冲噪声)有着较好的效果，相比其他线性平滑滤波器，中值滤波器对图像的模糊程度较低，能保留较多图像细节。同时，根据实验需求，经常会用到诸如最大值、最小值等经典的统计排序滤波器。如图 2-16 展示了均值滤波、中值滤波、高斯滤波三种经典滤波器的结果。

(3) 锐化空间滤波。

不同于平滑滤波器，锐化滤波器主要用于增强图像的边缘和细节信息。锐化滤波器利用邻域内像素的微分值来扩大像素之间的差异，使得图像结构部分更加

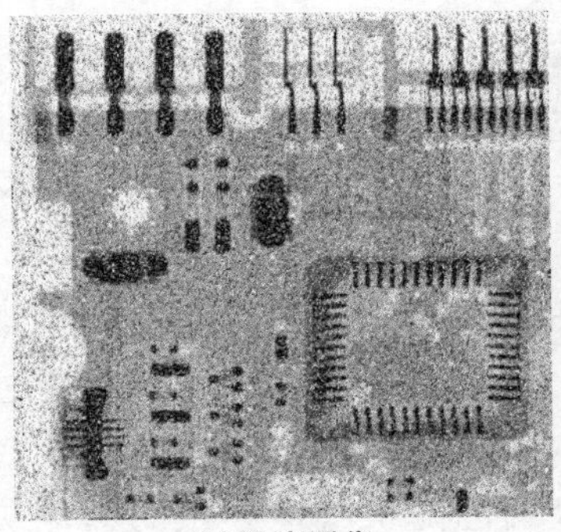

(a) 噪声图像

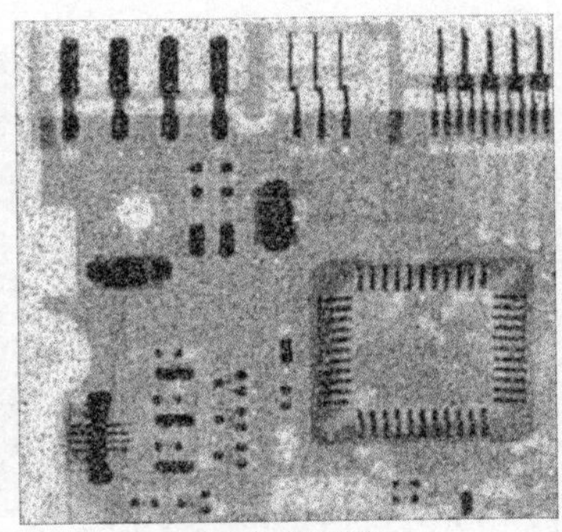

(b) 均值滤波

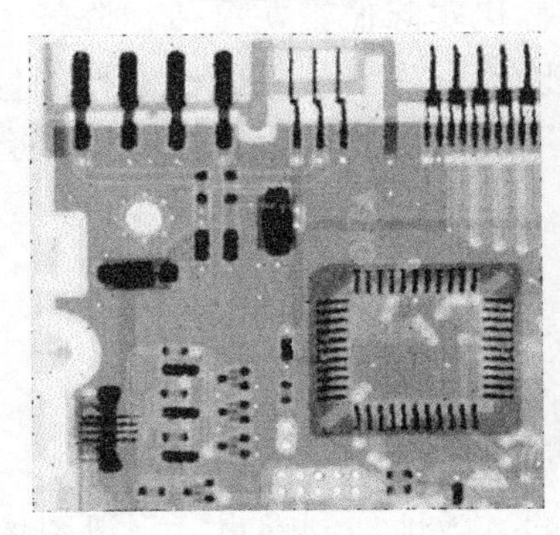

(c) 中值滤波

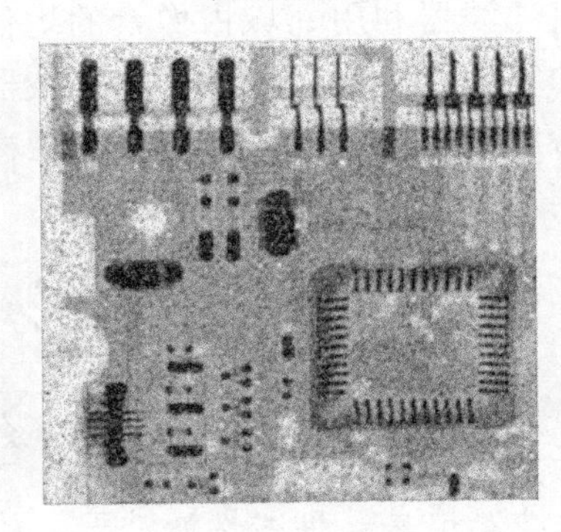

(d) 高斯滤波

图 2-16　不同滤波器的去噪效果[78]

突出。本节主要介绍基于一阶和二阶微分的锐化滤波器及其应用。图像的一阶微分是通过像素的梯度幅值构建，其计算公式为

$$M(x,y)=\mathrm{mag}(\nabla f)=\sqrt{g_x^2+g_y^2} \tag{2-12}$$

式中，$M(x,y)$ 为梯度向量的幅值；g_x、g_y 为方向梯度。一般在计算中简化为

$$M(x,y)=|g_x|+|g_y| \tag{2-13}$$

Sobel 算子是一种十分经典的梯度算子，利用距离加权的思想，对不同方向的梯度值进行求解来生成一阶微分的滤波结果，形式简单便于计算，如图 2-17 所示。

-1	-2	-1
0	0	0
1	2	1

(a) x 方向的 Sobel 算子

-1	0	1
-2	0	2
-1	0	1

(b) y 方向的 Sobel 算子

图 2-17　Sobel 算子

常用的图像的二阶微分锐化是通过拉普拉斯算子计算的，这是一种最简单的各向同性微分算子，它与图像的突变方向无关，对图像具有一定的旋转不变性。在离散图像中拉普拉斯算子的构建公式为

$$\nabla^2 f(x,y)=f(x+1,y)+f(x-1,y)+f(x,y+1)+f(x,y-1)-4f(x,y) \tag{2-14}$$

上式只考虑邻域内 4 像素的影响，当加入对角线方向 45° 的各向同性模板时，考虑邻域内 8 像素共同作用影响的新模板更具有实用性，如图 2-18 所示。

0	1	0
1	−4	1
0	1	0

(a) 4 像素的拉普拉斯算子

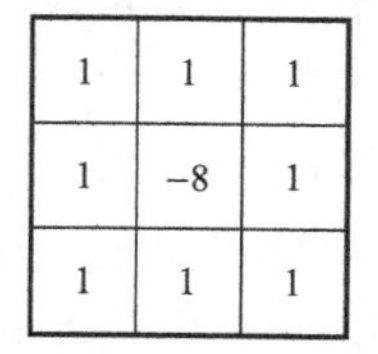

1	1	1
1	−8	1
1	1	1

(b) 对角线方向扩展模板

图 2-18　拉普拉斯算子

拉普拉斯算子结果突出的是图像中的灰度突变，在应用中需要将原图像与拉普拉斯结果图像叠加求得锐化滤波后的图像，经过拉普拉斯增强的图像构建公式如下所示

$$g(x,y)=f(x,y)+c[\nabla^2 f(x,y)] \tag{2-15}$$

式中，c 为常数−1。图 2-19 展示了拉普拉斯算子对图像的锐化滤波效果。

(a) 原图像

(b) 拉普拉斯图像

(c) 锐化滤波图像

图 2-19　拉普拉斯增强效果图[78]

2.3　图像频率域处理

前面介绍了图像空间域处理，其内容较为直观，简单易懂，但仅在空间域中处理图像存在许多局限性。图像频率域处理是图像处理的又一重要内容，在频率

域中，图像的一些特性会比较突出，容易处理。比如在空间域中无法很好地找出噪声的模式，但在频率域中则会相对简单，并能更容易地处理。本节主要介绍图像频率域处理相关内容。

2.3.1 预备知识

法国数学家傅里叶指出，任何周期函数都可以用不同频率的正弦函数与余弦函数的和的形式来表示，这个和被称为傅里叶级数。至于非周期函数，通常希望可以通过同样的方式来表示，为此引入傅里叶变换这一概念，它是用正弦函数或余弦函数乘以加权函数的积分来表示非周期函数。需要注意的是，这里的非周期函数需满足积分曲线下的面积是有限的这一条件。

傅里叶级数和傅里叶变换是图像频域处理的基础。通过傅里叶变换，可以将图像从空间域变换到频率域，在频率域分析图像可以获得更多的信息，一些在空间域中非常困难的图像处理任务在频域中将变得非常容易。

2.3.2 一维傅里叶变换

在进行傅里叶变换时，若函数 $f(x)$ 只有一个变量，这样的变换被称为一维傅里叶变换。单变量连续函数 $f(x)$ 的傅里叶变换如下

$$F(u)=\int_{-\infty}^{+\infty} f(x)\mathrm{e}^{-\mathrm{j}2\pi ux}\mathrm{d}x \tag{2-16}$$

式中，$j=\sqrt{-1}$。而根据傅里叶反变换，可以通过给定的 $F(u)$ 求得 $f(x)$

$$f(x)=\int_{-\infty}^{+\infty} F(u)\mathrm{e}^{\mathrm{j}2\pi ux}\mathrm{d}u \tag{2-17}$$

式(2-16)、式(2-17)构成一组傅里叶变换对，这说明一个函数进行傅里叶变换后，可以通过反变换重新得到。

上述变换为连续函数，但在实践中，更关注的是离散函数。对于单变量离散函数 $f(x)(x=0,1,2,\cdots,M-1)$，其傅里叶变换与反变换如下

$$F(u)=\frac{1}{M}\sum_{x=0}^{M-1} f(x)\mathrm{e}^{-\mathrm{j}2\pi ux/M},\quad u=0,1,2,\cdots,M-1 \tag{2-18}$$

$$f(x)=\sum_{u=0}^{M-1} F(u)\mathrm{e}^{-\mathrm{j}2\pi ux/M},\quad x=0,1,2,\cdots,M-1 \tag{2-19}$$

特殊地，离散傅里叶变换和其反变换总是存在的。

2.3.3　二维傅里叶变换

上面介绍了一维傅里叶变换，而当函数具有两个自变量时，则需要将傅里叶变换向二维进行扩展。下面直接介绍二维离散傅里叶变换。

假设目前得到的图像数据用 $f(x,y)$ 表示，大小为 $M\times N$，则其傅里叶变换由如下表达式给出

$$F(u,v)=\frac{1}{MN}\sum_{x=0}^{M-1}\sum_{y=0}^{N-1}f(x,y)\mathrm{e}^{-\mathrm{j}2\pi(ux/M+vy/N)} \tag{2-20}$$

式中，$u=0,1,2,\cdots,M-1$，$v=0,1,2,\cdots,N-1$。相应地，其反变换由以下表达式给出

$$f(x,y)=\sum_{u=0}^{M-1}\sum_{v=0}^{N-1}F(u,v)\mathrm{e}^{\mathrm{j}2\pi(ux/M+vy/N)} \tag{2-21}$$

式中，$x=0,1,2,\cdots,M-1$，$y=0,1,2,\cdots,N-1$。式(2-20)、式(2-21)构成了一组二维离散傅里叶变换对，u 和 v 表示变换或频率变量，x 和 y 表示空间或图像变量。

2.3.4　二维离散傅里叶变换的若干性质

(1) 平移。

傅里叶平移性质如下

$$f(x,y)\mathrm{e}^{\mathrm{j}2\pi\left(\frac{u_0x}{M}+\frac{v_0y}{N}\right)}\Leftrightarrow F(u-u_0,v-v_0) \tag{2-22}$$

$$f(x-x_0,y-y_0)\Leftrightarrow F(u,v)\mathrm{e}^{-\mathrm{j}2\pi\left(\frac{u_0x}{M}+\frac{v_0y}{N}\right)} \tag{2-23}$$

特别地，当 $u_0=\frac{M}{2},v_0=\frac{N}{2}$ 时，有

$$\mathrm{e}^{\mathrm{j}2\pi\left(\frac{u_0x}{M}+\frac{v_0y}{N}\right)}=\mathrm{e}^{\mathrm{j}\pi(x+y)}=(-1)^{(x+y)} \tag{2-24}$$

此时

$$f(x,y)(-1)^{(x+y)}\Leftrightarrow F\left(u-\frac{M}{2},v-\frac{N}{2}\right) \tag{2-25}$$

类似地

$$f\left(x-\frac{M}{2},y-\frac{N}{2}\right)\Leftrightarrow F(u,v)(-1)^{(u+v)} \tag{2-26}$$

(2) 旋转。

引入极坐标 $x=r\cos\theta,y=r\sin\theta,u=\omega\cos\varphi,v=\omega\sin\varphi$，将 $f(x,y),F(u,v)$ 转换为

$f(r,\theta),F(\omega,\varphi)$ 可得

$$f(r,\theta+\theta_0)\Leftrightarrow F(\omega,\varphi+\theta_0) \tag{2-27}$$

可以看出，将 $f(x,y)$ 旋转 θ_0，$F(u,v)$ 也将旋转同样的角度，反之亦然。

(3) 周期性与对称性。

离散傅里叶变换与其反变换具有周期性

$$F(u,v)=F(u+M,v)=F(u,v+N)=F(u+M,v+N) \tag{2-28}$$

$$f(x,y)=f(x+M,y)=f(x,y+N)=f(x+M,y+N) \tag{2-29}$$

上式表明，只需要任一个周期里的值就可以由 $F(u,v)$ 得到 $f(x,y)$，且只需要一个周期里的变换就可以将 $F(u,v)$ 在频率域里完全确定。

傅里叶变换具有共轭对称性

$$F^*(u,v)=F(-u,-v) \tag{2-30}$$

(4) 可分性。

二维离散傅里叶变换可以用分离的形式表示

$$F(u,v)=\frac{1}{M}\sum_{x=0}^{M-1}\mathrm{e}^{\frac{-\mathrm{j}2\pi ux}{M}}\frac{1}{N}\sum_{y=0}^{N-1}\mathrm{e}^{\frac{-\mathrm{j}2\pi uy}{N}}=\frac{1}{M}\sum_{x=0}^{M-1}F(x,v)\mathrm{e}^{\frac{-\mathrm{j}2\pi ux}{M}} \tag{2-31}$$

式中，对于每个 x，当 $v=0,1,2,\cdots,N-1$ 时，该等式是完整的一维傅里叶变换。此时 $F(x,v)$ 是沿着 $f(x,y)$ 的行进行的傅里叶变换。当 x 由 0 变为 $M-1$ 时，沿着 $f(x,y)$ 的所有行计算了傅里叶变换。同样地，先列后行计算傅里叶变换同样可行。

2.3.5　频率域滤波

之前我们已经介绍了傅里叶变换及其相关性质，本节将结合实际图像处理谈谈傅里叶变换的具体应用。

首先通过傅里叶变换将原始图像变换到频率域中，然后使用滤波器滤除特定的频率成分，最后通过反变换将处理后的图像还原到空间域中，以上即为频率域滤波的基本流程。

(1) 对图像 $f(x,y)$ 乘以 $-1^{(x+y)}$ 进行中心变换。

(2) 对中心变换后的图像进行傅里叶变换得到 $F(u,v)$。

(3) 使用选定的滤波器 $H(u,v)$ 乘以 $F(u,v)$。

(4) 对滤波后的结果进行傅里叶反变换并取实部。

(5) 用 $(-1)^{x+y}$ 乘以步骤 (4) 中的实部得到输出图像。

在处理过程中，$H(u,v)$ 可以抑制某些频率但不影响其他频率的作用，因此被称为滤波器。就像是日常生活中我们使用的筛子，它严格按照尺寸筛选，使一些

物体通过而阻止其他物体。图像中的噪声有着自己特定的频率，因此可以使用滤波器对图像进行去噪处理。

频率域滤波可分为低通滤波、高通滤波、带通滤波等。低通滤波器是使低频通过而衰减高频的滤波器，经低通滤波处理的图像与原始图像相比，其尖锐的细节部分减少而平滑过渡部分更加突出。相对地，高通滤波器是使高频通过而衰减低频的滤波器，经过高通滤波处理的图像与原始图像相比，灰度级的平滑过渡减少而边缘等细节部分更加突出。

2.3.6 快速傅里叶变换

离散傅里叶变换(discrete Fourier transform，DFT)广泛应用于几乎所有科学和工程领域。但直接计算傅里叶变换的计算量过大，高效且计算强度小的计算算法是必需的，快速傅里叶变换(fast Fourier transform algorithm，FFT)就是一类高效且计算强度小的傅里叶变换的计算算法。采用这种算法能使计算机在计算离散傅里叶变换中所需要的乘法次数大为减少，特别是被变换的抽样点数越多，FFT算法对计算量的节省就越显著。快速傅里叶变换有广泛的应用，随着计算机技术的发展，FFT越来越广泛地应用于信号处理、海洋测绘和工业控制等众多领域中。FFT的基本思想是把原始的N点序列依次分解成一系列的短序列，充分利用DFT计算式中指数因子所具有的对称性质和周期性质，求出这些短序列相应的DFT并进行适当组合，达到删除重复计算、减少乘法运算和简化结构的目的。

考虑一个n项多项式$A(x)$，其系数向量为$(a_0,a_1,a_2,\cdots,a_{n-1})$，即

$$A(x)=\sum_{i=0}^{n-1}a_ix^i=a_0+a_1x+a_2x^2+\cdots+\cdots+a_{n-1}x^{n-1} \tag{2-32}$$

将其按i奇偶分组

$$A(x)=(a_0+a_2x^2+\cdots+a_{n-2}x^{n-2})+(a_1x+a_3x^3+\cdots+a_{n-1}x^{n-1}) \tag{2-33}$$

对奇向分组提取x

$$A(x)=(a_0+a_2x^2+\cdots+a_{n-2}x^{n-2})+x(a_1+a_3x^2+\cdots+a_{n-1}x^{n-2}) \tag{2-34}$$

令

$$A_1(x)=a_0+a_2x+a_4x^2+\cdots+a_{n-2}x^{(n-2)/2} \tag{2-35}$$

$$A_2(x)=a_1+a_3x+a_5x^2+\cdots+a_{n-1}x^{(n-2)/2} \tag{2-36}$$

则可得

$$A(x)=A_1(x^2)+xA_2(x^2) \tag{2-37}$$

代入单位根 w_n^k，设 $0\leqslant k\leqslant \frac{n}{2}-1, k\in Z$

$$A(w_n^k)=A_1(w_n^{2k})+w_n^k A_2(w_n^{2k}) \tag{2-38}$$

由单位根的折半引理

$$A(w_n^k)=A_1(w_{n/2}^k)+w_n^k A_2(w_{n/2}^k) \tag{2-39}$$

对于 $\frac{n}{2}\leqslant k+\frac{n}{2}\leqslant n-1$。

$$A(w_n^{k+n/2})=A_1(w_n^{2k+n})+w_n^{k+n/2}A_2(w_n^{2k+n}) \tag{2-40}$$

可知 $w_n^{2k+n}=w_n^{2k}w_n^n=w_n^{2k}=w_{n/2}^k$。

由单位根消去引理 $w_n^{k+n/2}=-w_n^k$ 可得

$$A(w_n^{k+n/2})=A_1(w_{n/2}^k)-w_n^k A_2(w_{n/2}^k) \tag{2-41}$$

可以看出 $A(w_n^k)$ 和 $A(w_n^{k+n/2})$ 计算公式除了符号不同，其他都是一样的。若知道 $A_1(w_{n/2}^k)$ 和 $A_2(w_{n/2}^k)$ 的值就可以得到 $A(w_n^k)$ 和 $A(w_n^{k+n/2})$ 的值，通过递归求解可以节约一半的计算量，所以快速傅里叶变化的时间复杂度为

$$T(n)=2T(n/2)+O(n)=O(n\log_2 n) \tag{2-42}$$

2.4 边缘提取

边缘是一幅图像最重要的特征之一，它往往包含着图像中的大部分信息。边缘提取正是提炼出这部分信息的过程。

2.4.1 基本概念

边缘是图像中因灰度发生急剧变化而产生的视觉上不连续的地方，通常存在于不同目标物之间、目标物与背景之间、区域与区域之间。边缘提取就是要将图像中这种灰度发生急剧变化的地方检测出来。

图像中的边缘通常可以分为阶梯边缘、脉冲边缘、屋脊边缘，三种边缘的形态和对应的导数如表 2-1 所示。由于采样的原因，实际的数字图像的边缘总会有一些模糊，所以垂直上下的边缘剖面都表示成斜坡状，即边缘区域是有一定宽度的。

阶梯边缘是最基础也是最常见的一类边缘，这里以阶梯边缘为例来说明。可以看出，当灰度发生突变时，在对应位置上的一阶导数出现了一个极值点，对应位置的二阶导数则出现了一个波峰波谷交会的过零点，这些特征点都可以反映出边缘的位置，因此，很容易想到，可以利用图像的一阶导数和二阶导数来进行边缘的提取，这也分别对应了一阶和二阶的边缘提取算子。

表 2-1　边沿类型及对应的导数

	阶梯边缘	脉冲边缘	屋脊边缘
图像			
剖面			
一阶导数			
二阶导数			

2.4.2　常见的边缘提取算子

(1) 一阶微分算子。

通过计算图像的一阶导数值可以定位图像中的边缘，这是最原始的也是最基本的边缘提取算法。其原理是基于边缘的定义的：边缘是图像中灰度发生急剧变化的地方，而一阶导数正是对数值的变化极度敏感的。

对于一幅图像，可以将其某一方向的连续像素的灰度值视为一个连续函数 $I(x,y)$，其在点 (x,y) 的 x 方向、y 方向和 θ 方向的一阶方向导数为

$$I_x(x,y)=\frac{\partial I(x,y)}{\partial x} \tag{2-43}$$

$$I_y(x,y)=\frac{\partial I(x,y)}{\partial y} \tag{2-44}$$

$$I_\theta(x,y)=\frac{\partial I(x,y)}{\partial x}\cos(\theta)+\frac{\partial I(x,y)}{\partial y}\sin(\theta) \tag{2-45}$$

在 (x,y) 处的梯度是一个矢量，其定义为

$$\nabla I(x,y)=[G_x \quad G_y]^{\mathrm{T}}=\left[\frac{\partial I}{\partial x} \quad \frac{\partial I}{\partial y}\right]^{\mathrm{T}} \tag{2-46}$$

梯度模值为

$$G=\sqrt{I_x(x,y)^2+I_y(x,y)^2} \tag{2-47}$$

或者

$$G=\left|I_x(x,y)\right|+\left|I_y(x,y)\right| \tag{2-48}$$

梯度方向为

$$\theta=\arctan\left(\frac{I_y(x,y)}{I_x(x,y)}\right) \tag{2-49}$$

根据这些理论，出现了许多经典的算法，包括 Roberts 算子、Sobel 算子、Prewitt 算子等。这些都属于一阶微分算子，它们的区别主要是算子梯度的方向以及逼近导数的方式不同。由于数字图像处理的是离散的像素点，所以在实际计算时通常使用差分运算来替代微分运算

$$\Delta_x I(i,j)=I(i,j)-I(i-1,j) \tag{2-50}$$

$$\Delta_y I(i,j)=I(i,j)-I(i,j-1) \tag{2-51}$$

(2) 二阶微分算子。

二阶微分算子利用了“二阶导数的过零点为灰度值变化最大位置”这一特性，相较于一阶微分算子，二阶微分算子对图像突变的地方更加敏感，而不会强调灰度发生缓慢变化的地方，提高了边缘定位的准确度。此外，二阶微分算子是各向同性的，具有旋转不变性，一阶微分算子则会因为方向的改变导致结果有所变化。下面是二阶微分算子的计算原理。

在图像上一点 (x,y) 的二阶导数为

$$I_{xx}(x,y)=\frac{\partial^2 I(x,y)}{\partial x^2} \tag{2-52}$$

$$I_{yy}(x,y)=\frac{\partial^2 I(x,y)}{\partial y^2} \tag{2-53}$$

设 $\vec{n}$ 是梯度方向，则点 (x,y) 在梯度方向上的二阶导数为

$$\frac{\partial^2 I(x,y)}{\partial \vec{n}^2}=\frac{\partial^2 I(x,y)}{\partial x^2}\cos^2(\theta)+2\frac{\partial^2 I(x,y)}{\partial x\partial y}\sin(\theta)\cos(\theta)+\frac{\partial^2 I(x,y)}{\partial y^2}\sin^2(\theta) \tag{2-54}$$

与一阶算子类似的，在处理数字图像时，也采用差分来取代微分运算，以 Laplacian 算子为例，微分形式的 Laplacian 算子为

$$\nabla^2 = \frac{\partial^2}{\partial x^2} + \frac{\partial^2}{\partial y^2} \tag{2-55}$$

其差分形式为

$$\begin{aligned}\nabla^2 I(i,j) &= \nabla_x^2 I(i,j) + \nabla_y^2 I(i,j) \\ &= I(i+1,j) + I(i-1,j) + I(i,j-1) + I(j+1) - 4I(i,j)\end{aligned} \tag{2-56}$$

由于二阶微分算子对于噪声特别敏感，所以在使用之前一般都需要对图像进行平滑，比如 LoG 算子就是将 Laplacian 算子与高斯滤波器结合，计算二阶微分的同时也进行了平滑处理。

(3) Canny 算子。

Canny 算法[79]是 1986 年由 Canny 提出的，时至今日，此算法依旧是图像边缘提取算法中最经典、先进的算法之一。相较于其他普通的边缘提取算法，Canny 是一个多阶段的算法，即由多个步骤构成。

①对输入的图像进行高斯平滑，降低错误率。

②计算梯度的幅度和方向来估计每一点的边缘强度与方向。

③根据梯度方向对梯度幅值进行非极大值抑制，即找出图像梯度中的局部极大值点，把其他非极大值点置为 0 而得到细化的边缘。

④用滞后阈值法来检测和连接边缘。

Canny 算子具有良好的抗噪能力，并且可以得到边缘的梯度方向和强度的信息，但也有不足之处，由于使用了较大尺度的滤波，原始图像上的一些细节会丢失。

(4) 比值算子。

上述的一阶微分和二阶微分的算子在普通图像的提取上具有较好的效果，即便原图带有噪声也可以通过各种滤波进行优化，但是对于如 SAR 图像这般的则难以应对，因为一般认为普通图像携带的噪声多为加性噪声，而 SAR 图像则是乘性噪声。为了对 SAR 图像进行边缘填补，需要一种抗噪声能力较强的算子，比值算子[2]就是这样一种算子。

普通的边缘提取算子只会考虑相邻像素的灰度变化，因此较容易受到噪声的影响，而比值算子则是通过计算像元邻域内均值的比值来降低噪声的影响，虽然该方法会对提取的精度有所影响，但依然可以得到不错的效果。

即 $R = M_1 / M_2$，$T = \max\{R, 1/R\}$。T 即为比值算子计算得到的幅度值，如图 2-20 所示同其他算子一样，比值算子也可以通过计算多个方向取最大值以得到更加准确的幅值和边缘方向。

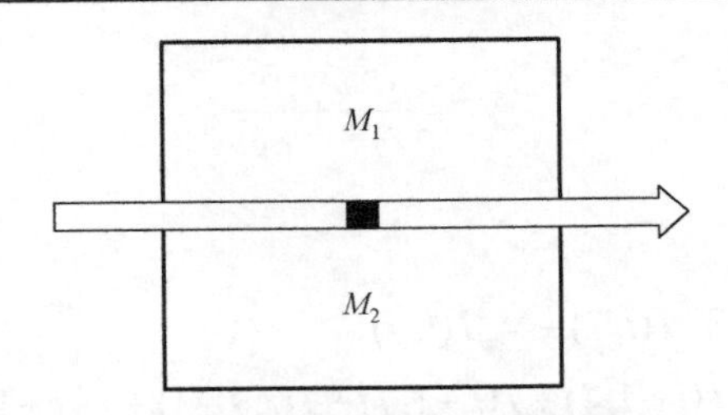

图 2-20　比值算子计算的是邻域的均值比

2.4.3　边缘提取的效果评价

完成图像边缘信息提取后，需要对提取结果的好坏进行评价。不过除非是合成图像，否则很难预先知道正确的边缘，而人工勾勒边缘在面对较大的数据量时也难以实现，因此难以通过计算虚警率、漏检率等指标来评价，这里介绍一些常见的评价边缘质量的方法。

边缘就是图像中的高频信息，那么可以通过判断这些信息的准确度来判断边缘的准确度。判断的具体方法就是利用边缘信息来重新构建一幅图像，再将重构的图像与原始图像进行对比，得到二者的相似度作为判断边缘有效性的一个依据，称为重构相似度。其中，基于边缘重构图像的方法最初是由 Carlsson 提出的，其基本原理是利用边缘两侧的像素进行光滑插值生成重构图像的像素。

连续性是图像边缘的一个重要的自然属性，边缘连续性反映了图像边缘提取的完整性，而零碎与断裂的边缘难以准确地刻画图像的轮廓。通过考察每一个像素的连通性来评估其所在边缘的连续性，再将所有的边缘综合起来计算整幅图像的连续性指数，这就是连续性指标[80]。

从边缘的定义可知，边缘两侧的灰度值会存在较大的差异，那么，这两侧灰度值的差异越大，这个边缘为真实边缘的可能性也就越大。这种边缘附近灰度值变化的大小可以使用该边缘的邻域内的灰度值的标准差来量化表示，标准差越大，灰度变化越剧烈。对于边缘提取的结果来说，对每一个边缘像素都进行这样的计算，再将结果综合起来，就得到了一个可以反映边缘可信度的指标，称为边缘置信度[5]。

到目前为止还没有一种得到广泛认可的评价方法，上面介绍的评价方法也只能片面地反映边缘质量的好坏，且都有各自的局限性，有待相关理论的发展完善。

2.5　本 章 小 结

本章内容主要设计一些图像处理的基本概念以及常用的图像处理操作，为后续章节提供知识储备。在图像数字化小节中，依次介绍了采样、量化、数字图像表示以及空间和灰度分辨率，使读者对图像在计算机中的表达有了更加直观的了解。图像空间域处理对图像进行灰度变换，通过直方图均衡化与直方图匹配等方法调整图像灰度分布，满足应用需求。空间滤波是图像处理领域应用最广泛的主要工具之一，常用的空间滤波器中，平滑滤波器用于对图像进行模糊处理和降低噪声，锐化滤波器主要用于增强图像的边缘和细节信息。图像频率域处理是图像处理领域的另一重要内容，在频率域中，图像的一些特性会更加突出，有些在空间域中难以实现或无法直接用公式表达的任务在频率域中变得十分容易解决。如在空间域中无法很好地找出噪声的模式，但在频率域中非常简单，并且更加易于处理，通过傅里叶变换与反变换可以实现图像在空间域与频率域间的转换。由此，图像的线性空间域滤波可以在频率域中找到一一对应的滤波操作。最后，边缘是图像中因为灰度发生急剧变化而产生的视觉上不连续的地方，包含着图像中的大部分信息，本章介绍了图像边缘提取相关内容。

第 3 章　图像特征提取

特征提取对于图像匹配至关重要，其中研究最为成熟的是基于局部特征(即点特征)的匹配方法。由于多模态遥感图像的成像模式和成像条件不同，图像间存在明显的几何形变和辐射差异，这就要求特征点提取算法要具有较高的稳定性，能够反映图像间的共有特征。目前，在计算机视觉和图像处理领域出现了众多的特征点算子，每种算子的性能和应用范围都有所不同，如何根据遥感图像的特点选择和设计合适的算子进行特征点提取是图像配准成功的关键。特征点提取包括特征点检测和特征点描述两个步骤，下面从这两个方面介绍当前主流的特征点提取算法。除此以外，本章还介绍了一种基于频率信息的相位一致性特征，该特征的光照和对比度不变性可以较好地抵抗图像间的辐射差异，有利于多模态图像的自动匹配。

3.1　特征点检测

3.1.1　特征点检测算法发展历程

在过去的几十年里，特征检测算法得到了快速的发展，出现了一系列的特征点算子，图 3-1 显示了特征点检测算子的发展历程。Moravec 于 1977 年提出了 Moravec 算子，该算子利用特征点邻域内像素各方向的灰度方差平方和进行特征点检测[41]。但 Moravec 算子对噪声非常敏感，定位精度不高，而且在图像间检测的重复率较低，难以应用于复杂图像的匹配。Forstner 算子通过计算各像素的 Robert 梯度和以像素为中心的一个窗口(如 5×5)的灰度协方差矩阵，在图像中寻找具有可能小而接近圆的误差椭圆的点作为特征点[81]。该算子定位精度较高，并在摄影测量匹配领域得到了广泛的应用[82]。Harris 算子在 Moravec 算子的基础上发展而来，该算子首先利用图像的梯度信息构建自相关矩阵，然后通过求解矩阵的特征值来判断图像的角点和边缘区域[43]。Harris 算子计算效率高、定位准确，并且具有一定的抗噪能力，是目前常用的特征点检测算子。SUSAN 是牛津大学 Simth 和 Brady 于 1997 年提出的一种低层次的图像处理算法，其核心思想是采用圆形模板来计算核值相似区(univalue segment assimilating nucleus，USAN)，并通过 USAN 的大小来识别角点区域[44]。Rosten 等在 SUSAN 算法的基础上提出了

FAST 检测算子，该算子的最大优势就是检测速度非常快，在目标跟踪等领域得到了广泛的应用[54,83]。以上的特征点检测算法有一个共同的缺点，就是没有考虑到图像的尺度特性，所以对于图像的尺度(分辨率)变化较为敏感，当图像间尺度差异较大时，特征点的重复率往往较低。

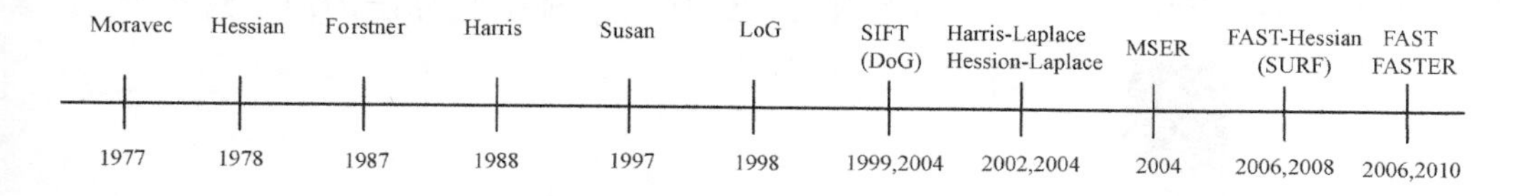

图 3-1　特征点检测算子的发展

为了使特征检测能适应图像间尺度的变化，Lindeberg 对图像尺度理论进行了深入研究，发现 LoG 算子能够较好地定位特征点的尺度属性，使特征检测不受尺度差异的影响，并对此进行了完整的论证，为后续的尺度不变性特征检测算法奠定了理论基础[46]。之后，Mikolajczyk 等通过把 LoG 算子与 Harris 和 Hession 相结合，分别构建了 Harris-Laplace 算子和 Hession-Laplace 算子，能够检测具有尺度属性的特征点[48,51]。Lowe 提出了 DoG 算子，该算子能够拟合 LoG，并且检测速度更快[50,84]。Bay 等通过在积分图像上利用 Hession 矩阵来进行特征点检测，提出了 Fast-Hession 算子，进一步地提高了特征点检测的效率[64,65]。另外，Matas 等通过设置不同的灰度阈值对图像进行连续的分割，寻找在一定阈值范围内保持边界不变的区域，提出了 MSER(maximally stable extremal regions)检测算子，该算子不仅具有尺度不变性，而且还能抵抗图像间的仿射变形[53]。除了上述的算子之外，EBR(edge-based region detector)[85]、IBR(intensity extrema-based region detector)[86]和 Salient Region[87]等算子都具有一定的尺度和仿射不变性。关于特征点算子更全面、更详细的介绍，请参考 Mikolajczyk 和 Tuytelaars 发表的综述文献[48,88]。

上述算子所检测的特征点可分为角点和斑点(Blob 点)两种类型。由于到目前为止，角点和 Blob 点还没有非常明确的数学定义，所以下面将对它们进行简要的说明。如图 3-2 所示，角点经常出现在边缘曲率较大的位置，而 Blob 点则是比周围像素都暗(或都亮)的特征点，通常出现在角点区域的附近。角点和 Blob 点代表了不同类型局部特征区域，具有一定的互补性，将两者结合应用于图像匹配中可以在一定程度上提高匹配的效率[89]。

表 3-1 对以上的特征点算子进行了归类，每一种特征点算子都具有各自的特点，在图像匹配中，需要根据图像的特性来选择合适的检测算子。在计算视觉领域，Schmid、Mikolajczyk 和 Aanæs 等分别对众多主流的特征点算子进行了性能

评估[48,89,90]，但它们主要是以近景图像或者普通数码相机图像作为研究对象，在图像尺度、拍摄角度、光照以及噪声等方面评估特征点算子的性能。而遥感图像不同于近景图像，通常在高空进行拍摄，覆盖范围更广，地物类型更复杂，而且遥感图像还具有多时相和多光谱等方面的性质。因此，应该根据遥感图像的特点来选合适的特征点检测算法。下面将对目前经典的几种检测算子的原理进行介绍。

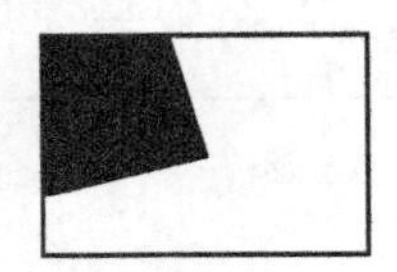

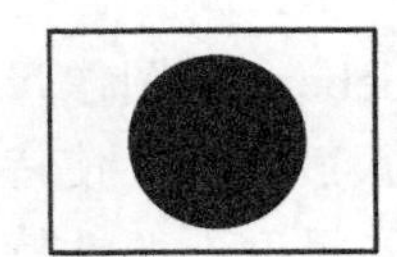

图 3-2　角点和 Blob 点示意图

表 3-1　特征点检测算子归类

角点	Morave	Forstner	Harris	Susan	Harris-Laplace	FAST
Blob 点	Hession	LoG	DoG (SIFT)	Hession-Laplace	MSER	Fast-Hession (SURF)

3.1.2　特征点尺度定位

由于多模态遥感图像通常具有不同的分辨率，所以需要特征点检测算法具有一定的尺度不变性。这里首先简要介绍图像尺度空间理论，以及如何利用该理论对特征点进行自动的尺度定位，使特征点具有尺度属性。

(1)图像尺度空间。

Witkin 于 1983 年指出图像尺度空间是在不同分辨率下对同一图像进行表达所构成的集合[91]。接着，Koenderink 认为尺度空间必须满足解为高斯卷积核的扩散方程[92]。之后，Baband 和 Lindeberg 等证明了高斯卷积核是实现尺度变换的唯一线性变换核[93,94]。因此，利用不同尺度(σ)的高斯核对图像进行卷积可以形成图像的尺度空间，其定义如下

$$L(x,y,\sigma)=G(x,y,\sigma)*I(x,y) \tag{3-1}$$

式中，$L(x,y,\sigma)$表示图像的尺度空间，$G(x,y,\sigma)$为高斯卷积核，$I(x,y)$表示原图像。其中高斯卷积核的表达形式如下

$$G(x,y,\sigma)=\frac{1}{2\pi\sigma^2}\mathrm{e}^{-(x^2+y^2)/2\sigma^2} \tag{3-2}$$

式中，(x,y)表示空间坐标，σ表示尺度参数。σ越小，图像被平滑得越少，能够保持比较清晰的细节信息。而随着σ值增加，图像的细节将受到抑制，边缘轮廓会变得模糊。图 3-3 展示了尺度空间的建立过程，不同尺度的图像呈现出不同的特征信息，根据这一性质，可以在不同尺度下对图像进行特征检测。

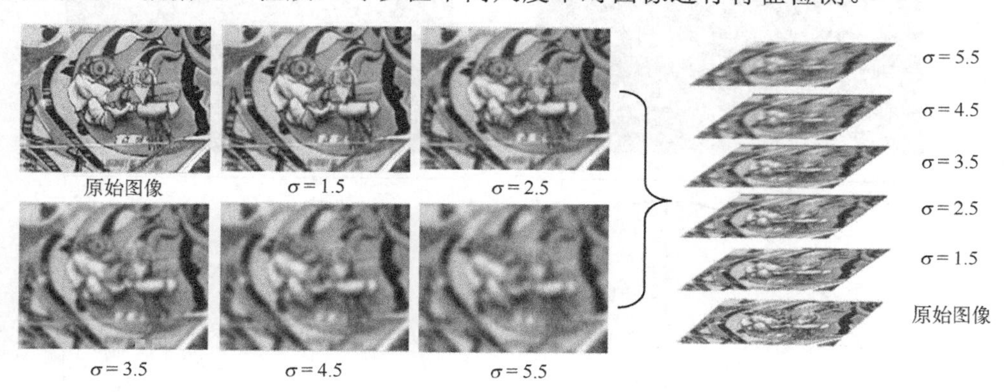

图 3-3　图像尺度空间

(2) 尺度自动定位。

为了在尺度空间中准确地检测出图像特征，需要对特征的尺度进行定位(或选择)。Lindeberg 于 1998 年对特征检测中尺度自动定位的原理进行了完整的论述，其核心思想是通过某种给定的函数在尺度空间获取极值，来定位图像局部结构的“特征尺度”。在实际过程中，所给定的函数是一种特征检测算子，该算子在尺度空间中获得极值时的尺度被称为“特征尺度”。Lindeberg 证明了σ^2归一化的 LoG 算子(以下简称为 LoG)能够较好地进行“特征尺度”的定位。之后，Mikolajczyk 等对比了 Harris、梯度和 LoG 等算子的尺度定位性能，发现 Harris 算子相对较弱，而 LoG 算子的尺度定位性能最稳定[47]。

$$\left|\mathrm{LoG}(x,y,\sigma_n)\right|=\sigma_n^2\left|L_{xx}(\mathrm{x},\mathrm{y},\sigma_n)\right|L(x,y,\sigma)=G(x,y,\sigma)*I(x,y) \tag{3-3}$$

式中，L_{xx}表示x方向的二阶导数，L_{yy}表示y方向的二阶导数。

图 3-4 显示了利用 LoG 算子进行尺度定位的过程，特征尺度位于局部极值的位置。图中两幅图像的分辨率相差 2 倍，下方的曲线表示图像间一对同名点在不同尺度下所对应的 LoG 值，它们的特征尺度(即 LoG 极值)分别为 6.77 和 3.57，比例为 1.90，近似等于图像间分辨率的比例。这说明“特征尺度”之间的关系刚好反映了图像间分辨率(尺度)的关系，当图像尺度变化时，特征尺度也随之成比例地变化，利用这一性质可以在具有尺度差异的图像间检测出稳定的特征点。

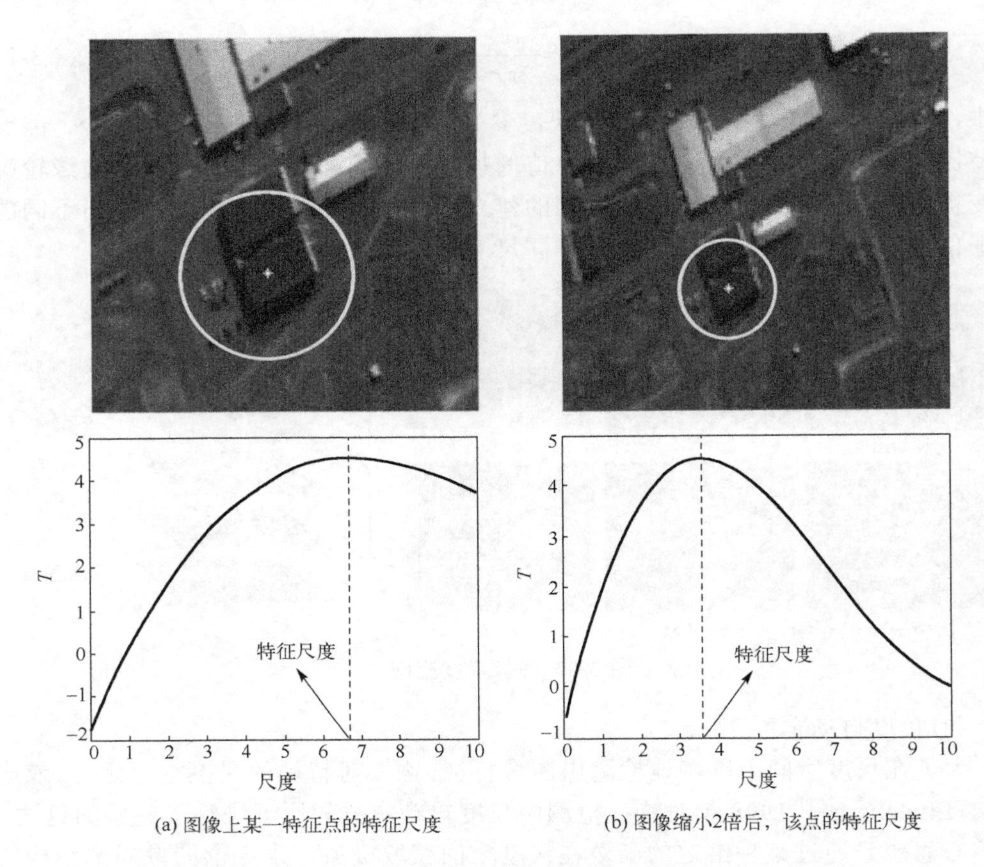

(a) 图像上某一特征点的特征尺度　　(b) 图像缩小2倍后，该点的特征尺度

图 3-4　特征尺度示意图，圆半径对应特征尺度的大小

3.1.3 Harris-Laplace

Harris-Laplace 是一种结合 Harris 和 LoG 的角点检测算子。在介绍 Harris-Laplace 之前，先对 Harris 算子进行简要说明。

Harris 算子是一种基于信号自相关函数的检测算子，利用图像梯度的自相关矩阵 M 进行角点检测[43]。M 阵的定义如下

$$M = G(\sigma) * \begin{bmatrix} g_x^2 & g_x g_y \\ g_x g_y & g_y^2 \end{bmatrix} \tag{3-4}$$

式中，$G(\sigma)$ 表示尺度为 σ 的高斯卷积核，g_x 为 x 方向的梯度，g_y 为 y 方向的梯度。M 阵的特征值 λ_1 和 λ_2 反映了局部自相关曲率，如果两个特征值都很大，则认为该点为角点，若两个特征值为一大一小，则认为该点是边缘点，而两个特征值都很小则表明该点位于平坦区域，如图 3-5 所示。

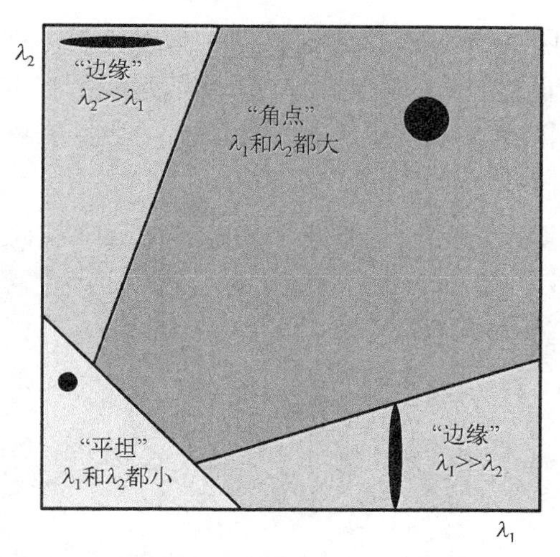

图 3-5　M 阵特征值与图像区域的关系

在计算过程中，为了避免求解 M 阵的特征值，通过以下公式来计算角点的响应值

$$I = \mathrm{Det}(M) - k\mathrm{Trace}(M)^2 \tag{3-5}$$

式中，I 为角点响应值，$\mathrm{Det}(\cdot)$ 表示矩阵的行列式，$\mathrm{Trace}(\cdot)$ 表示矩阵的迹，k 为一个常数，通常在 0.04～0.06。只有当像素点的 I 大于设定的阈值 T，并且是局部极大值的情况下，才被认为是角点。Harris 算子具有旋转不变性，但抵抗尺度变化的能力较弱[47]。

极值：$\begin{matrix} L(x_0,\sigma_n) > L(x_0,\sigma_{n-1}) \cap L(x_0,\sigma_n) > L(x_0,\sigma_{n+1}) \\ L(x_0,\sigma_n) < L(x_0,\sigma_{n-1}) \cap L(x_0,\sigma_n) < L(x_0,\sigma_{n+1}) \end{matrix}$，$L$ 表示 LoG 值

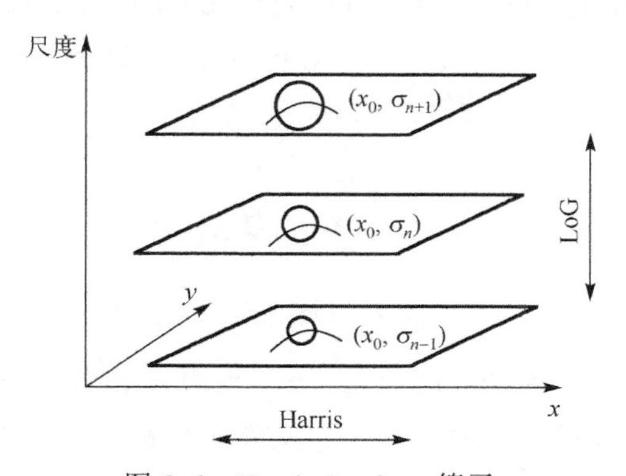

图 3-6　Harris-Laplace 算子

Harris-Laplace 算子可以理解为尺度不变性的 Harris 角点检测算法，该算法主要包括两个步骤：多尺度的 Harris 角点检测和角点的尺度定位。图 3-6 显示了

Harris-Laplace 算子的构建过程：首先建立图像尺度空间，在每一尺度的图像上利用 Harris 算子进行角点检测，然后利用 LoG 算子判断所提取的角点是否在尺度空间中处于极值，若是极值，则把该点视为特征点，否则去除该点。Harris-Laplace 算子检测的特征点如图 3-7 所示。

图 3-7　Harris-Laplace 特征点

3.1.4 Hession-Laplace

Hession-Laplace 是一种结合 Hession 和 LoG 的特征点检测算子。该算子首先进行多尺度的 Hession 特征点检测，然后利用 LoG 对特征点进行尺度定位，整个过程类似于 Harris-Laplace 算子，有所不同的是 Hession-Laplace 算子是利用 Hession 矩阵的行列式来检测特征点的。

$$H=\begin{bmatrix} D_{xx} & D_{xy} \\ D_{xy} & D_{yy} \end{bmatrix} \tag{3-6}$$

$$I=\mathrm{Det}(H) \tag{3-7}$$

式中，D_{xx} 为图像 x(列)方向的二阶导数，D_{yy} 为图像 y(行)方向的二阶导数，D_{xy} 表示先对 x 方向求导后再对 y 方向求导，I 为特征点响应值。当 I 大于阈值 T，并且是局部极大值时，该点被认为是特征点。Hession-Laplace 检测的是 Blob 特征点[47]，如图 3-8 所示。

图 3-8　Hession-Laplace 特征点

3.1.5 DoG

DoG 算子通过在高斯差分尺度空间中进行极值检测来实现特征点的提取。高斯差分尺度空间 $D(x,y,\sigma)$ 是由尺度空间 $L(x,y,\sigma)$ 中相邻两层图像相减构成的，其表达式如下

$$\begin{aligned} D(x,y,\sigma) &= (G(x,y,k\sigma)-G(x,y,\sigma)) * I(x,y) \\ &= L(x,y,k\sigma)-L(x,y,\sigma) \end{aligned} \tag{3-8}$$

式中，$G(\cdot)$ 为高斯卷积核，k 为尺度递增因子，当 k 接近于 1 时

$$G(x,y,k\sigma)-G(x,y,\sigma) \approx (k\sigma-\sigma)\frac{\partial G}{\partial \sigma} = (k-1)\sigma\frac{\partial G}{\partial \sigma} \tag{3-9}$$

式中，$\dfrac{\partial G}{\partial \sigma}$ 可以写成以下形式

$$\frac{\partial G}{\partial \sigma} = \sigma\frac{x^2+y^2-2\sigma^2}{2\pi\sigma^6}\exp\left(-\frac{x^2+y^2}{2\sigma^2}\right) = \sigma\nabla^2 G = \sigma \text{LoG} \tag{3-10}$$

通过式(3-9)和式(3-10)可得

$$\text{DoG} = G(x,y,k\sigma)-G(x,y,\sigma) \approx (k-1)\sigma^2\text{LoG}\frac{n!}{r!(n-r)!} \tag{3-11}$$

这表明了 DoG 近似等于 σ^2 归一化的 LoG，同时也解释了为什么 DoG 算子能够代替 LoG 算子，而且 DoG 只需要相邻尺度的两幅图像相减就可获得，其计算效率要高于 LoG。图 3-9 显示了两者的函数曲线基本一致。

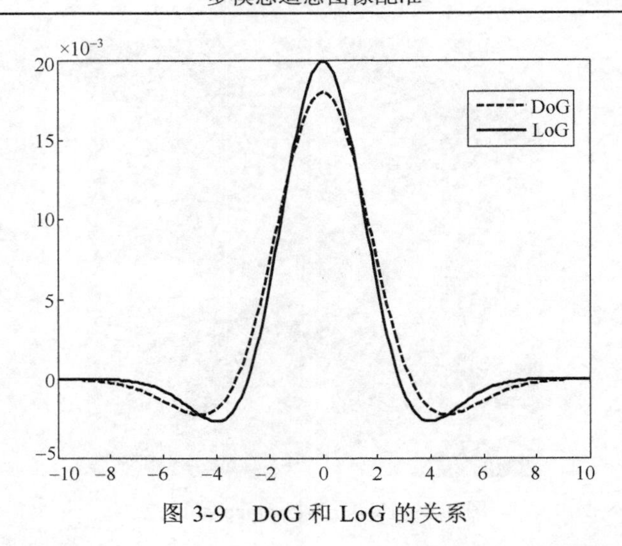

图 3-9　DoG 和 LoG 的关系

由于 DoG 能够替代 LoG，所以 DoG 能用来检测具有尺度不变性的特征点。DoG 算子检测特征点包含以下两个步骤。

(1) 尺度空间极值检测。

首先构建高斯金字塔(尺度空间)，高斯金字塔有 o 阶，每一阶有 s 层图像，相邻两层图像的尺度关系为 $\sigma_{s+1} = k\sigma_s$，其中 $k = 2^{1/s}$，第 2 阶第 1 层由第 1 阶中间层图像降采样 2 倍获得。每一阶的相邻两层图像相减可获得高斯差分(DoG)金字塔，如图 3-10 所示。

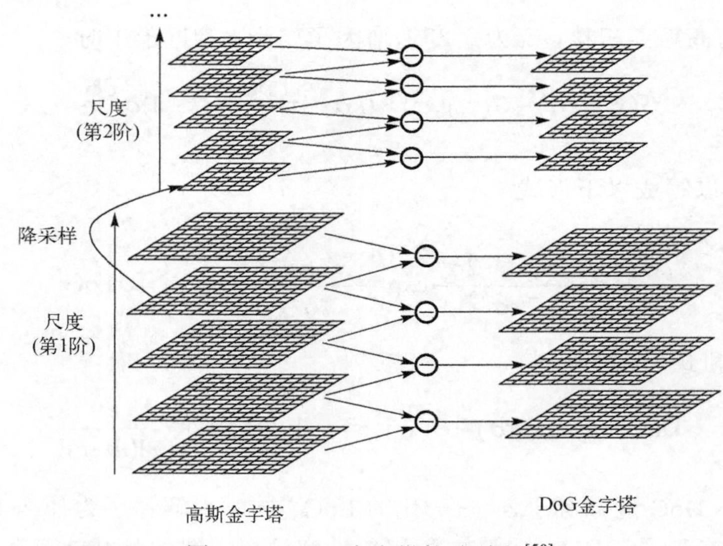

图 3-10　DoG 金字塔构建过程[50]

在 DoG 金字塔中，将中间层(最底层和最顶层除外)的每个像素点与同一层的相邻 8 个像素以及上下两层的 9 个相邻像素，总共 26 个像素点进行比较，若该点的 DoG 值最大或最小，则被认为是局部极值点，如图 3-11 所示。

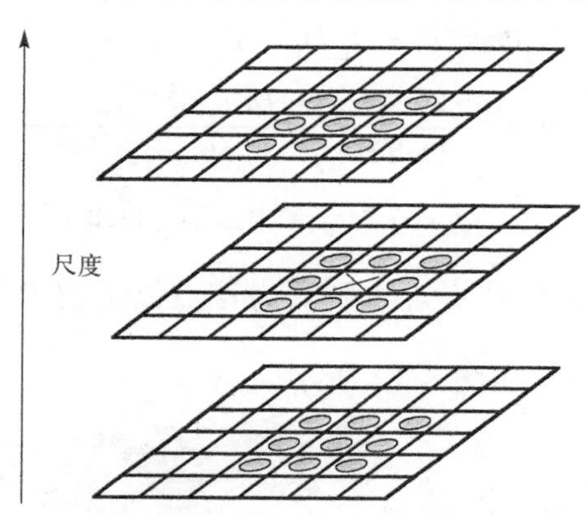

图 3-11 空间极值检测，标记为叉号的像素为极值点[50]

(2)特征点精确定位。

由于 DoG 值对噪声和边缘敏感，所以需要对上一步获得的极值点进行进一步的检验才能获得精确的特征点。下面利用三维二次函数对局部极值点进行拟合，以精确定位特征点的位置和尺度。DoG 尺度空间函数 $D(x,y,\sigma)$ 在极值点 (x_0,y_0,σ_0) 的泰勒展开式如下

$$D(x,y,\sigma)=D(x_0,y_0,\sigma_0)+\frac{\partial D^{\mathrm{T}}}{\partial X}X+\frac{1}{2}X^{\mathrm{T}}\frac{\partial^2 D}{\partial X}X \tag{3-12}$$

式中，$X=(x,y,\sigma)^{\mathrm{T}}$，$\frac{\partial D}{\partial X}=\left[\frac{\partial D}{\partial x},\frac{\partial D}{\partial y},\frac{\partial D}{\partial \sigma}\right]^{\mathrm{T}}$。对式(3-12)求导，并令其等于 0 可获得特征点的精确位置 $\hat{X}$

$$\hat{X}=-\frac{\partial^2 D^{-1}}{\partial X^2}\frac{\partial D}{\partial X} \tag{3-13}$$

在精确定位后，需要去除低对比度的特征点和不稳定的边缘响应点。将式(3-13)代入式(3-12)中并取前面两项，可得

$$D(\hat{X})=D+\frac{1}{2}\frac{\partial D^{\mathrm{T}}}{\partial X}\hat{X} \tag{3-14}$$

若 $\left|D(\hat{X})\right|\geqslant 0.03$，则认为该点为特征点，否则丢弃。

特征点所对应的 Hession 矩阵(式(3-6))的特征值与该点的主曲率有关，可以通过特征值间的比率(ratio)来去除不稳定的边缘响应点。设 α 为较大的特征值，β

为较小的特征值，$r=\dfrac{\alpha}{\beta}$，则 ratio 为

$$\begin{aligned}&\text{Trace}(H)=D_{xx}+D_{yy}=a+b\\&\text{Det}(H)=D_{xx}D_{yy}-D_{xy}^2=ab\\&\text{ratio}=\frac{\text{Trace}(H)^2}{\text{Det}(H)}=\frac{(a+b)^2}{ab}=\frac{(r+1)^2}{r}\end{aligned}\tag{3-15}$$

式中，H 为 Hession 矩阵，Trace(·) 为矩阵的迹，Det(·) 为矩阵行列式。取 $r=10$，若 $\text{ratio}<\dfrac{(r+1)^2}{r}$，则保留特征点，否则认为该点位于边缘附近，应去除。DoG 算子检测的是 Blob 特征点，如图 3-12 所示。

图 3-12　DoG 特征点

3.1.6　MSER

MSER 是 Matas 等针对宽基线立体匹配提出的一种局部特征检测算子。MSER 算子通过分析图像局部区域内像素点间的灰度值关系，构造出四连通的图像区域，即为最大稳定极值区域。该区域内部像素点的灰度值都大于或小于区域边界像素点的灰度值。

下面引入一个例子来对最大稳定极值区域进行说明。假设一幅图像 $I(x,y)$ 存在所有可能的阈值图像，阈值 $t\in(0,1,\cdots,255)$，对应的阈值图像分别为 I_0、$I_1\cdots I_{255}$。如果图像 $I(x,y)$ 中的某个像素低于阈值，则把该像素置为黑，高于或等于则置为白。如图 3-13 所示，对于图像 $I(x,y)$，当阈值 t 为 0 时，图像 $I(x,y)$ 上所有像素点的灰度值都高于该阈值，所以阈值图像 I_0 为一幅白色图像。随着阈值 t 的增大，

图像上会出现一些黑色区域，这些黑色区域由灰度值小于阈值 t 的像素构成，称为局部灰度最小值区域。这些黑色区域会随着阈值 t 的增加而逐渐增大，最终当 t 为 255 时，图像 $I(x,y)$ 将完全变为黑色。通过 MSER 算子，可以提取出图像的极小值区域和极大值区域，图像的局部灰度极小值区域可以通过上述方法获得，局部极大值区域则可以通过将图像 $I(x,y)$ 的像素灰度值取反后，再按照上述步骤来获得。

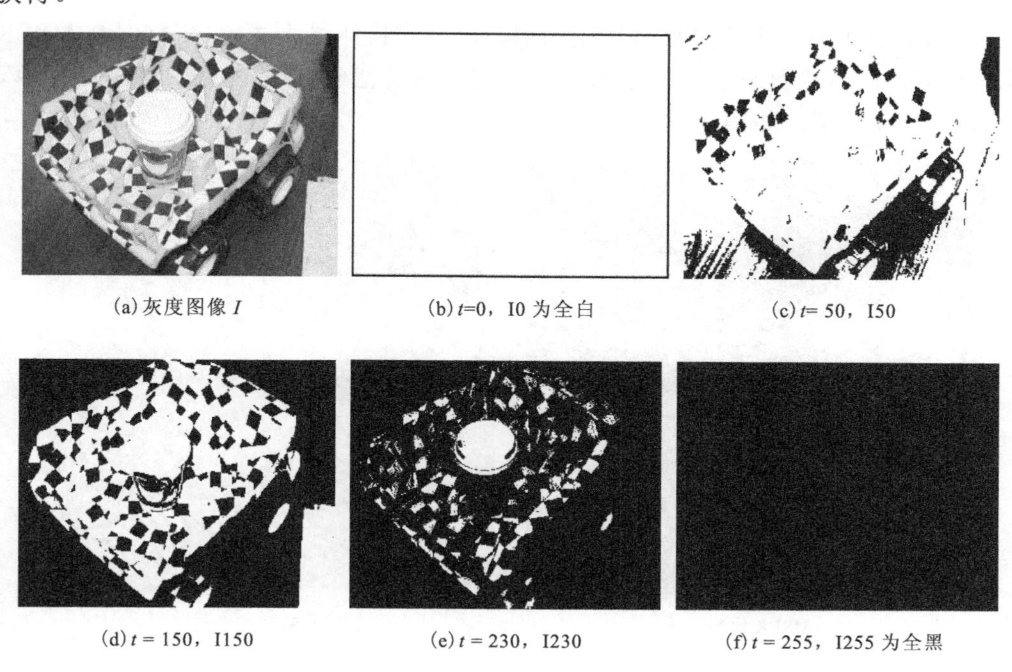

(a) 灰度图像 I　(b) t=0，I0 为全白　(c) t= 50，I50

(d) t = 150，I150　(e) t = 230，I230　(f) t = 255，I255 为全黑

图 3-13　阈值图像

上面对 MSER 进行了形象的描述，MSER 的严格数学定义如下[53]。

(1) 图像 I 是一种映射，$I: D \subset Z^2 \to S$，且满足下列条件：

① S 是全序的，且 $S = \{0,1,\cdots,255\}$。

②邻域关系：$A \subset D \times D$。这里使用 4-邻域：如果 $\sum_{i=1}^{d} |p_i - q_i| \leqslant 1$，那么 $p,q \in D$ 被认为是相邻的，表示为 pAq。

(2) 区域 Q：为 D 的一个连续子集，对于任意 $p,q \in Q$，都存在一个连通路径 $p,a_1,a_2,\cdots,a_n,q$，使得 $pAa_1,\cdots,a_iAa_{i+1},\cdots,a_nAq$。

(3) 区域 Q 的边界 ∂Q：$\partial Q = \{q \in D - Q : \exists p \in Q : qAp\}$，$\partial Q$ 与 Q 内至少一个像素相邻，但不属于 Q 的像素的集合。

(4) 极值区域 $Q \in D$：对于所有的 $p \in Q$，$q \in \partial Q$，满足 $I(p) > I(q)$（最大灰度区域）或 $I(p) < I(q)$（最小灰度区域）的区域。

(5) 最大稳定极值区域 MSER：设 $Q_1, Q_2, \cdots, Q_n$ 为嵌套极值区域 $Q_i \subset Q_{i+1}$ 的一个序列。如果稳定性方程 $q(i) = \left|Q_{i+\Delta} - Q_{i-\Delta}\right| / \left|Q_i\right|$ 在 i^* 处存在局部极小值，那么极值区域 Q_i 就是最大稳定极值区域。i^* 为嵌套极值区域的某一层，$|\cdot|$ 为集合的势，$\Delta \in S$ 为参数。

在实际过程中，主要是通过指定阈值范围 Δ 来检测最大稳定极值区域。MSER 是一种局部区域检测算子，区域形状为椭圆，这里把椭圆的中心作为特征点，该点属于 Blob 类型，如图 3-14 所示。

(a) MSER 检测区域

(b) MSER 特征点

图 3-14　MSER

3.2　特征点描述

3.2.1　SIFT 描述符

SIFT 描述符是一种基于局部梯度分布的描述算子。该算子首先利用特征点邻域内像素的梯度方向直方图，选择梯度幅值最大的方向作为该点的主方向。然后以主方向建立坐标轴，以特征点为中心取 16×16 的邻域并划分为 4×4 个子区域，在每个子区域内统计 8 方向的梯度方向直方图，最终形成 128 维的 SIFT 特征向量。此时，SIFT 描述符已经去除了尺度和旋转差异的影响，其详细过程如下。

(1)特征点主方向。

在特征点检测之后，利用特征点邻域内的梯度分布，为每个特征点指定主方向，使描述符具有旋转不变性。对于图像 $L(x,y)$，其梯度值 $m(x,y)$ 和梯度方向 $\theta(x,y)$ 的计算公式如下

$$m(x,y)=\sqrt{(L(x+1,y)-L(x-1,y))^2+(L(x,y+1)-L(x,y-1))^2} \tag{3-16}$$

$$\theta(x,y)=\tan^{-1}(L(x,y+1)-L(x,y-1))/(L(x+1,y)-L(x-1,y)) \tag{3-17}$$

以特征点为中心，取一定大小的邻域，并统计邻域内的梯度幅值和梯度方向形成梯度方向直方图。这个直方图的梯度方向范围为 0°～360°，每 10° 形成一柱，共有 36 柱。在统计梯度方向直方图时，利用高斯权重圆窗口进行距离加权，使邻域中心附近的像素所占的比重更大。梯度方向直方图的峰值代表该点的主方向(图 3-15)，若存在另一个相当于主峰值 80%的峰值时，该方向被认为是该点的辅方向。因此一个特征点可能具有多个方向(一个主方向，一个以上辅方向)，这样能够增强描述符的鲁棒性。

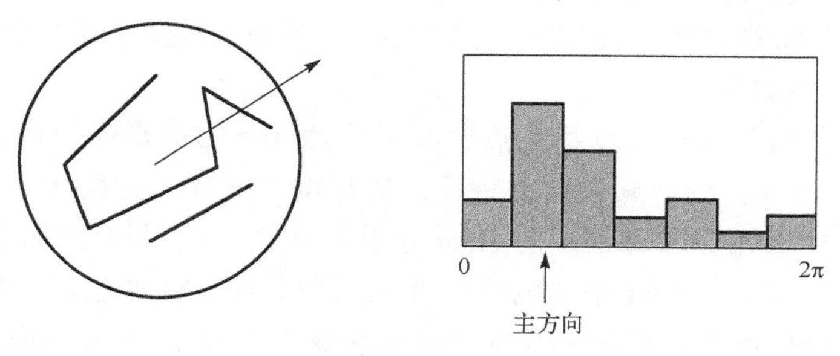

图 3-15　特征点主方向

(2)特征向量。

根据特征点主方向建立坐标系，并以特征点为中心取 16×16 像素的窗口，如图 3-16 左图所示。黑色圆心为特征点，黑色箭头表示特征点的主方向，每个小格表示特征点邻域所在尺度空间内的一个像素，小格中的箭头长度和方向分别表示该像素的梯度幅值和梯度方向。以特征点为中心的圆表示高斯加权范围，离特征点越近的像素点权重越大，越远的像素点权重越小。把 16×16 像素划分为 4×4 个子区域，在每个子区域内统计 8 方向的梯度方向直方图，形成 16 个种子点，每个种子点具有 8 维的特征向量。然后把邻域内每个种子点的特征向量按照顺序排列起来，并进行归一化处理，最终形成 128 维的 SIFT 特征向量，如图 3-16 右图所示。这种邻域方向性信息联合的思想提高了描述符的抗噪能力，同时为含有定位误差的特征匹配提供了较好的容错性。

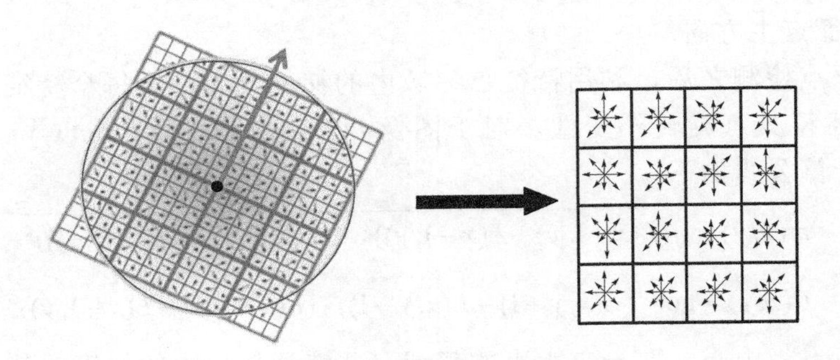

图 3-16　SIFT 特征向量

3.2.2　SURF 描述符

SURF 是在 SIFT 算法的基础上发展的一种快速局部特征提取算子，该算子的基本思路和 SIFT 一致，只是在特征检测和特征描述阶段运用不同的技术来实现。SURF 首先使用积分图像快速构建尺度空间，并进行特征点检测，然后利用 Haar 小波响应来构建特征描述符。SURF 描述符也包括特征点主方向和特征向量两部分。

(1)特征点主方向。

SURF 主方向是通过在以特征点中心半径为 6σ 的圆形邻域内，利用 4σ 的 Haar 小波进行运算得到，其中 σ 为特征点的尺度。具体分为两步：首先在 6σ 的邻域内以 σ 为步长计算各像素点的 Haar 小波响应值，同时以 2.5σ 的高斯函数进行加权。在此过程中，Haar 小波响应能够利用积分图像快速获得。然后在圆形邻域内，统计以特征点为原点的 $\pi/3$ 滑动扇形区域内的 Haar 小波响应向量之和，选择向量模值和最大的方向作为特征点的主方向(图 3-17)，计算公式如下

$$m_w = \sum_w \mathrm{d}x + \sum_w \mathrm{d}y \tag{3-18}$$

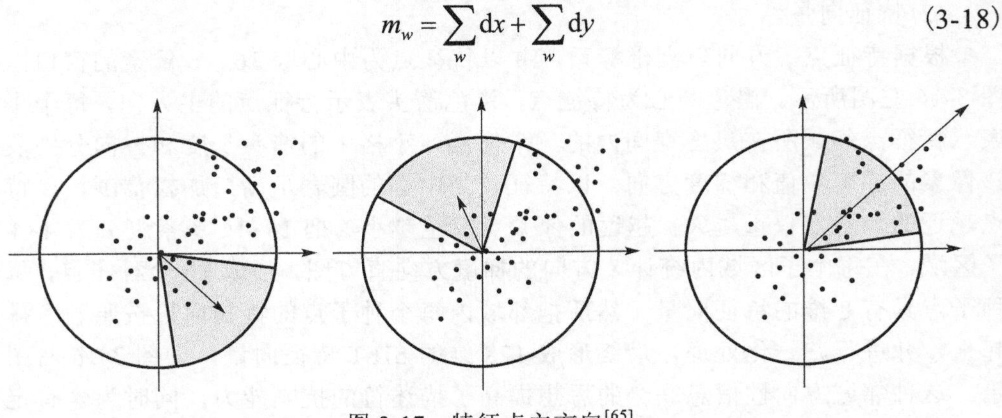

图 3-17　特征点主方向[65]

$$\theta_w = \tan^{-1}\left(\sum_w \mathrm{d}x / \sum_w \mathrm{d}y\right) \tag{3-19}$$

$$\theta = \theta_w \mid \max\{m_w\} \tag{3-20}$$

式中，$\mathrm{d}x$ 为 x 方向的 Haar 小波响应，$\mathrm{d}y$ 为 y 方向的 Haar 小波响应。

(2)特征向量。

首先根据特征点的主方向建立坐标系，以特征点为中心取边长为 20σ 的方形窗口，并把窗口划分为 16 个 4×4 的子区域。然后在每个子区域内以 σ 为采样步长计算 2σ 的 Haar 小波响应值，并通过式(3-21)得到特征子向量。最后把每个子区域的特征子向量按照顺序排列，形成最终 SURF 特征向量，如图 3-18 所示。

$$V = \left[\sum \mathrm{d}x, \sum |\mathrm{d}x|, \sum \mathrm{d}y, \sum |\mathrm{d}y|\right] \tag{3-21}$$

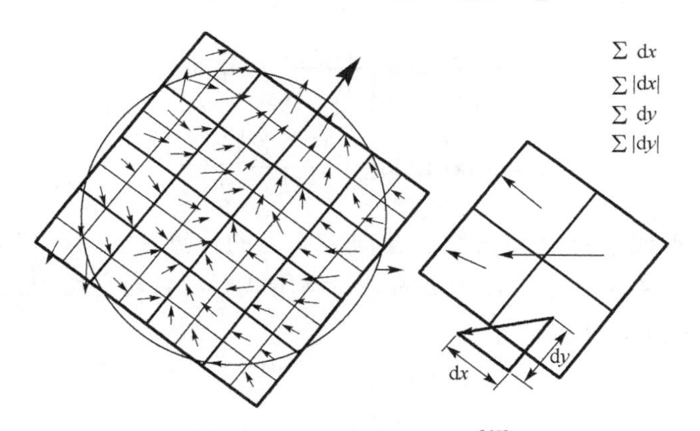

图 3-18　SURF 特征向量[65]

3.2.3 Shape context

Shape context 的基本思想是在对数极坐标下通过统计边缘点信息来对目标或物体进行描述[63]。这里使用 Shape context 进行特征点描述的方法如下：设 $P_k(x_k, y_k, \sigma_k, \theta_k)$ 为图像中的某一特征点，其中，x_k 和 y_k 代表特征点的坐标，σ_k 和 θ_k 分别为特征点尺度和主方向。以点 P_k 为中心取半径大小为 $R = 21\sigma_k$ (保持尺度不变)的邻域，并以主方向 θ_k (保持旋转不变)为基准建立对数极坐标系，然后在该坐标系下，角度被均匀地划分为 12 个方向，而半径被划分为 5 等份，其间距分别为 $\frac{R}{16}$、$\frac{R}{16}$、$\frac{R}{8}$、$\frac{R}{4}$ 和 $\frac{R}{2}$，形成 12×5=60 个子区域，如图 3-19 所示。

对于邻域内的某一边缘点 $P_e(x_e, y_e)$，它在对数极坐标系统下对应的子区域位置 (a, d) 为

图 3-19　Shape context 描述子(箭头指向主方向)

$$a = \left\lfloor \frac{6}{\pi}\left(\operatorname{atan}\left(\frac{y_e - y_k}{x_e - x_k} \right) - q_k \right) \right\rfloor \tag{3-22}$$

$$d = \max\left(1, \left\lfloor \log_2\left(\frac{\left\| P_e - P_k \right\|}{R} \right) + 6 \right\rfloor \right) \tag{3-23}$$

式中，a 和 d 分别代表点 P_e 在角度和径向方向上的位置，$\|\cdot\|$ 表示 L2-范数(欧氏范数)。统计每个子区域内边缘点的数量，并利用式(3-24)对边缘点进行高斯距离加权，形成 Shape context 描述子。

$$w(x,y) = 1 - \mathrm{e}^{-((x_e - x_k)^2 + (y - y_k)^2)/2\sigma_k} \tag{3-24}$$

3.2.4　BRIEF

BRIEF(binary robust independent element feature)利用局部图像邻域内随机点对的灰度大小关系来建立局部图像特征描述子，得到的二值特征描述子不仅匹配速度快，而且存储要求内存低。这种方法摒弃了利用区域灰度直方图描述特征点的传统方法，大大地加快了特征描述符建立的速度，同时也极大地降低了特征匹配的时间，它是一种非常快速的算法，可满足系统实时性要求。

BRIEF 的基本思想是先平滑图像，然后在特征点周围选择一个窗口(patch)，在这个窗口内通过一种选定的方法来挑选出来 n_d 个点对。然后对于每一个点对 x 和 y，比较这两个点的亮度值，如果 $p(x) < p(y)$，则对应在二值串中的值为 1，否则为 0。所有 n_d 个点对，都进行比较之间，就生成了一个 n_d 长的二进制串。

(1)为减少噪声干扰，先对图像进行平滑处理(方差为 2，高斯窗口为 9×9)。

(2)以特征点为中心，取 $s \times s$ 的邻域窗口，在窗口内随机选择一对点，比较两者像素的大小，进行如下二进制赋值

$$\tau(p;x,y) := \begin{cases} 1, & p(x) < p(y) \\ 0, & \text{其他} \end{cases} \tag{3-25}$$

式中，$p(x)$、$p(y)$ 分别是随机点 $x=(u_1,v_1)$、$y=(u_2,v_2)$ 的像素值。

(3) 在窗口中随机选取 N(一般 N=256) 对随机点，重复步骤 (2) 的二进制赋值，形成一个二进制编码，这个编码就是对特征点的描述，即特征描述子。

关于随机点的旋转方法，测试了以下五种方法，最终得到的结论是方法 (2) 比较好。

(1) x_i、y_i 都呈均匀分布 $\left[-\frac{s}{2}, \frac{s}{2}\right]$。

(2) x_i、y_i 都呈高斯分布 $\left[0, \frac{1}{25}s^2\right]$，测准采样服从各向同性的同一高斯分布。

(3) x_i 服从高斯分布 $\left[0, \frac{1}{25}s^2\right]$，$y_i$ 服从高斯分布 $\left[x_i, \frac{1}{100}s^2\right]$，采样分为两步进行，首先在原点处为 x_i 进行高斯采样，然后在中心为 x_i 处为 y_i 进行高斯采样。

(4) x_i、y_i 在空间量化极坐标下的离散位置处进行随机采样。

(5) $x_i=(0,0)^{\mathrm{T}}$ y_i 在空间量化极坐标下的离散位置处进行随机采样。

这五种方法生成的 256 对随机点如图 3-20 所示 (一条线段的两个端点是一对)。

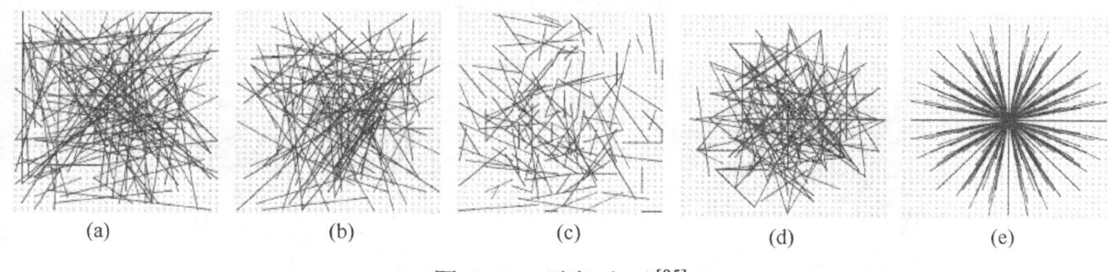

图 3-20　随机点对[95]

3.3　相位一致性特征

3.3.1　相位信息的重要性

大多数的特征提取算法都是利用图像梯度信息进行特征检测或特征描述，如 Sobel、Canny 和 SIFT 描述符等，这类方法通常会受到图像光照和对比度变化的影响，存在一定的局限性。相比而言，图像的相位信息具有更好的稳定性。

1981 年，Oppenheim 等分析了相位信息在图像分析和处理方面的作用，并通

过实验得出了相位信息的重要性甚至超过幅度信息的结论[96]，对于一幅图像（或信号）$f(x)$，其傅里叶变换如下

$$F(\omega)=|F(\omega)|\mathrm{e}^{-\mathrm{j}\theta(\omega)} \tag{3-26}$$

式中，ω表示频率，$|F(\omega)|$为图像傅里叶变换的幅度，$|F(\omega)|=\sqrt{R^2(\omega)+I^2(u)}$，$\theta(\omega)$称为相位，$\theta(\omega)=a\tan 2(\frac{I(\omega)}{R(w)})$，$R(\omega)$和$I(\omega)$分别是$F(\omega)$的实部和虚部。图 3-21 显示了幅度和相位在图像中的性质。首先利用傅里叶变换获取到图像的幅度信息和相位信息，然后分别对幅度信息和相位信息进行傅里叶反变换得到“幅度合成图”和“相位合成图”。可以发现，“相位合成图”更好地反映了图像的轮廓结构信息。需要注意的是，构建“相位合成图”时，不是直接对$\theta(\omega)$进行傅里叶反变换，而是对$M(\omega)\mathrm{e}^{-\mathrm{j}\theta(\omega)}$进行反变换，$M(\omega)$为单位幅度，这里的取值为 1。

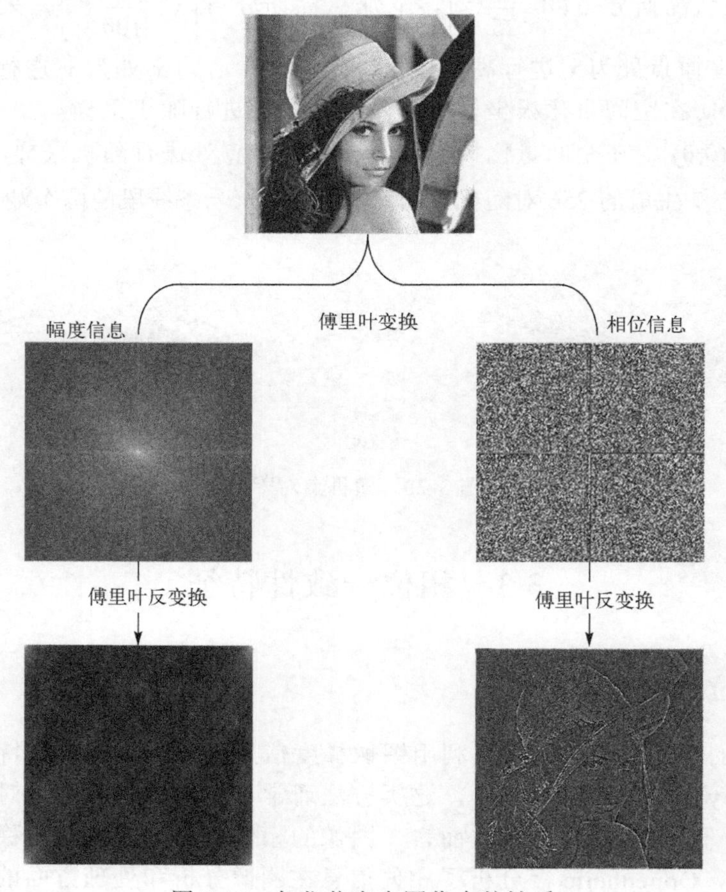

图 3-21　相位信息在图像中的性质

为了更清晰地说明相位信息在图像分析中的重要性，首先将两幅图像 a 和 b 分别进行傅里叶变换，得到图像 a 的相位信息 θ_a 和幅度信息 $|F_a|$，以及图像 b 的相位信息 θ_b 和幅度信息 $|F_b|$。然后将 θ_a 和 $|F_b|$ 合成一幅新的图像，以及 θ_b 和 $|F_a|$ 合成另一幅图像，并对以上两幅合成的图像分别进行傅里叶反变换得到图像 a_b 和图像 b_a。由图 3-22 可知，图像 a_b 主要体现了图像 a 的轮廓信息，而图像 b_a 主要体现了图像 b 的轮廓信息，这说明了图像的轮廓或特征主要是相位信息提供的。

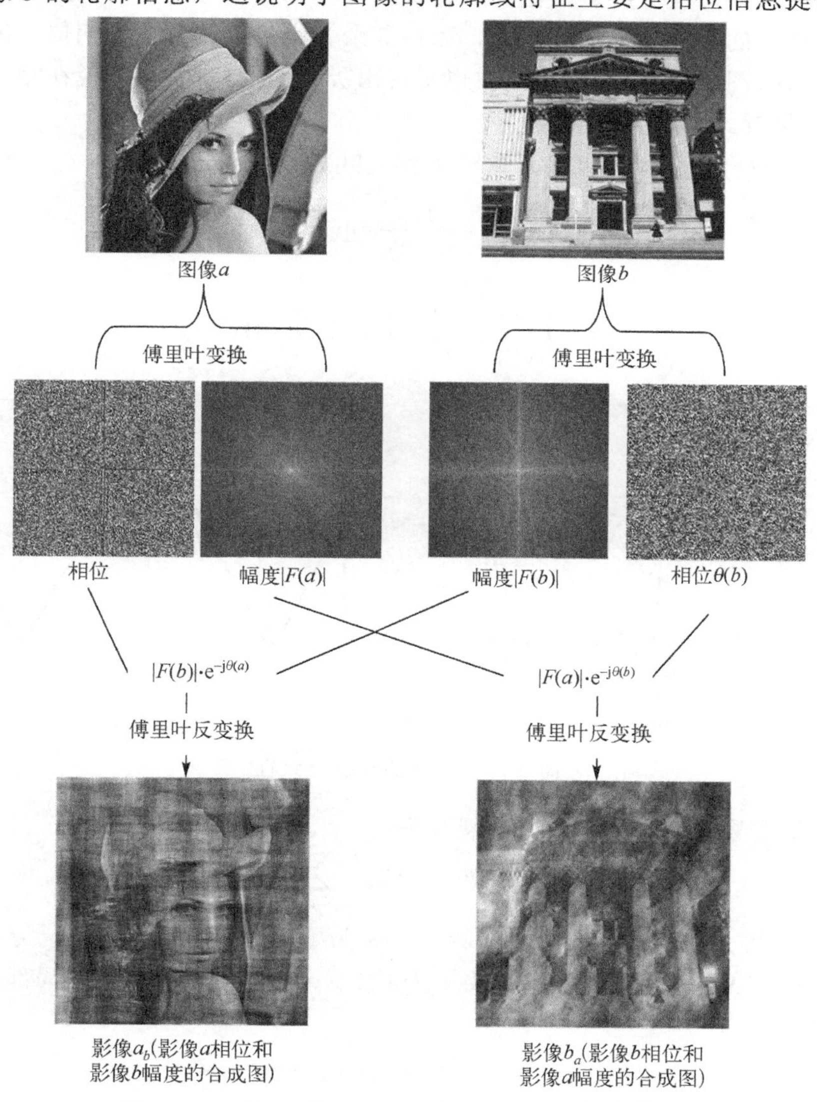

图 3-22　不同图像的相位和幅度信息合成的新图像

3.3.2 相位一致性和局部能量

Morrne 等提出了一种利用局部能量模型进行特征检测的方法——相位一致性，并验证了该方法与人类视觉系统对图像的认知相符合[97,98]。相位一致性的基本思想为：图像的特征总是出现在傅里叶谐波分量相位叠合的最大处。图 3-23(a)显示了由一系列傅里叶级数正弦波所构成的方波，在信号突变(特征)的位置，所有正弦波分量的相位都位于 0 或π，而在其余各级正弦波分量其相位一致性是很低的。同样地，图 3-23(b)的三角形波也呈现出类似的规律，特征出现在相位为π/2 和3π/2 的位置。

$S(x)$和$F(x)$为图中方波和三角波的傅里叶级数展开式

$$S(x)=\sum_{0}^{n}\frac{1}{(2n+1)}\sin[(2n+1)x] \tag{3-27}$$

$$F(x)=\sum_{0}^{n}\left(\frac{1}{2n+1}\right)^{2}\cos[(2n+1)x] \tag{3-28}$$

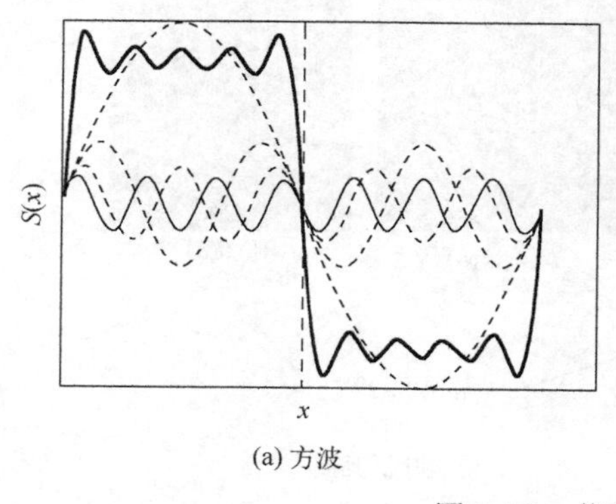

(a) 方波

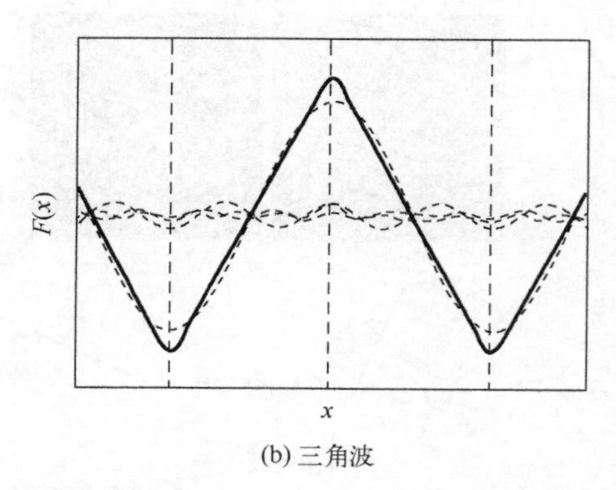

(b) 三角波

图 3-23 信号的相位一致性

设一维信号为$I(x)$，其傅里叶展开为

$$I(x)=\sum_{n}A_n\cos(n\omega x+\varphi_{n_0})=\sum_{n}A_n\cos(\varphi_n(x)) \tag{3-29}$$

式中，A_n为第 n 次谐波余弦分量的幅值，ω为常数(一般为2π)，φ_{n_0}为第 n 次谐波分量的相位偏量或初始相位，函数$\varphi_n(x)$表示 x 点处傅里叶分量的局部相位。相位一致性定义为

$$\mathrm{PC}(x)=\max_{\bar{\varphi}(x)\in[0,2\pi)}\frac{\sum_{n}A_n(x)\cos(\varphi_n(x)-\overline{\varphi}(x))}{\sum_{n}A_n(x)} \tag{3-30}$$

式中，$\overline{\varphi}(x)$ 是使上式在 x 点取最大值时，傅里叶变换各分量局部相位的加权平均值。由式(3-30)可知，若所有的傅里叶分量都有一致的相位，则该比值为 1，表示非常显著的特征，反之，该比值最小为 0，表示没有检测到特征。

虽然相位一致性能够较好地反映图像的特征信息，但是由于信号频率分解的计算过程非常复杂，其时效性较差。为了解决这一问题，Venkatesh 等提出利用局部能量函数来计算相位一致性[98]。局部能量函数定义为

$$E(x)=\sqrt{F^2(x)+H^2(x)} \tag{3-31}$$

式中，$F(x)$ 为信号 $I(x)$ 去除直流分量的成分，$H(x)$ 为 $F(x)$ 的 Hilbert 变换。函数的 Hilber 变换与其傅里叶分量的幅值相同，只是在相位上相差 $\pi/2$。通常情况下，$H(x)$ 和 $F(x)$ 由信号位于相位差为 $\pi/2$ 的两个滤波器进行卷积获得。Venkatesh 等指出局部能量等于相位一致性与傅里叶级数幅值之和的乘积，即

$$E(x)=\mathrm{PC}(x)\sum_n A_n \tag{3-32}$$

由此，局部能量函数与相位一致性是成正比关系的，因此局部能量的峰值也对应了相位一致性的峰值。

图 3-24 显示了相位一致性、局部能量函数和傅里叶级数幅值之和三者之间的几何关系。傅里叶各级级数通过复数向量来表示，各级级数头尾相连。这些向量之和在实轴上的投影成分为 $F(x)$，即原信号去除直流分量的成分。在虚轴上的投影为 $H(x)$，即傅里叶变换。从原点到终点的矢量(虚线)的幅值即为局部能量

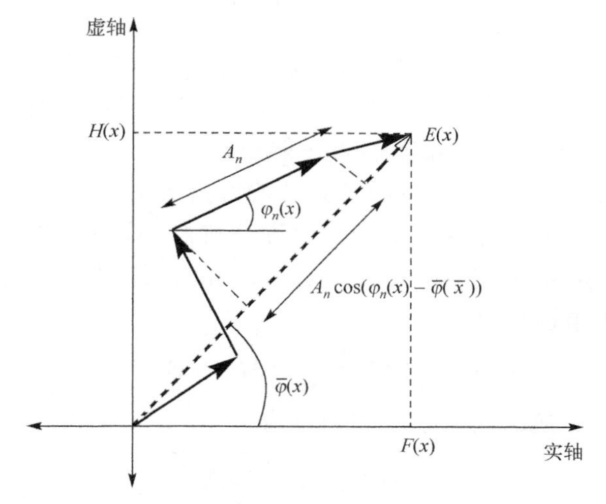

图 3-24　相位一致性、局部能量和傅里叶级数幅度之和三者之间的几何关系[101]

$E(x)$，可以看出，$E(x)$ 等于 $\sum_n A_n \cos(\varphi_n(x)-\bar{\varphi}_n(x))$。相位一致性是 $E(x)$ 和各级傅里叶级数幅值 A_n 之和的比值，因此相位一致性是一个相对量，与信号特征幅值的大小无关。这一性质保证了相位一致性对于图像的光照和对比度具有很好的不变性。

虽然通过局部能量函数能够计算相位一致性，但是这个过程非常烦琐。因此下面将介绍一种改进的相位一致性计算方法，即利用小波变换计算相位一致性[100,101]。

3.3.3 利用小波计算相位一致性

小波变换是获取信号局部频率信息的常用方法。小波分析的基本思想是使用一系列的滤波器来分析信号，这些滤波器都是对同一波形进行尺度变换所得到的，每一尺度下的滤波器可以用来分析信号的特定频率。这里感兴趣的是信号的局部频率，尤其是相位信息。要保留相位信息，必须使用线性的相位滤波器，也就是使用非正交的对称/反对称的小波对。Morlet 等提出使用 Gabor 滤波器进行相位一致性计算[102]。但由于 Gabor 函数在带宽超过 1 倍频时，其偶对称滤波器无法保持零直流分量，这使得我们无法利用任意带宽的 Gabor 函数来计算相位一致性。考虑到 Gabor 滤波器的局限性，Kovesi 提出利用 log Gabor 滤波器计算相位一致性。log Gabor 滤波器允许构建任意带宽的倍频，并且偶对称滤波器能保持零直流分量。在线性的频率域尺度下，log Gabor 函数的表达式如下

$$g(\omega)=\mathrm{e}^{\frac{-(\log(\omega/\omega_0))^2}{2(\log(k/\omega_0))^2}} \tag{3-33}$$

式中，ω_0 为滤波器中心频率。为了使滤波器的形状保持恒定，对于不同的中心频率 ω_0，参数 k/ω_0 必须保持不变。当 k/ω_0 为 0.75 时，滤波器的带宽约为 1 倍频，当 k/ω_0 为 0.55 时，滤波器的带宽约为 2 倍频。

虽然 log Gabor 函数在空间域没有具体的解析表达式，但对其进行傅里叶反变换可以获得其对应的偶对称滤波器和奇对称滤波器。设 $I(x)$ 代表输入信号，M_n^e 和 M_n^o 分别表示在尺度 n 下的偶对称（余弦）小波和奇对称（正弦）小波，使用这对滤波器可以构建以下响应向量

$$[e_n(x),o_n(x)]=[I(x)*M_n^e,I(x)*M_n^o] \tag{3-34}$$

在尺度 n 下，小波变换的响应幅度和相位为

$$A_n(x)=\sqrt{e_n(x)^2+o_n(x)^2} \tag{3-35}$$

$$\phi_n(x)=a\tan 2(e_n(x),o_n(x)) \tag{3-36}$$

式中，$A_n(x)$ 为响应幅度，$\phi_n(x)$ 为相位。

式(3-34)的 $e_n(x)$ 和 $o_n(x)$ 与信号的去直流分量 $F(x)$ 和其 Hilbert 变换 $H(x)$ 有如下关系

$$F(x) \approx \sum_n e_n(x), \quad H(x) \approx \sum_n o_n(x) \tag{3-37}$$

而 $\sum_n A_n(x)$ 为

$$\sum_n A_n(x) \approx \sum_n \sqrt{e_n(x)^2 + o_n(x)^2} \tag{3-38}$$

由此，可以利用以上三个成分计算相位一致性，其公式如下

$$\mathrm{PC}(x) = \frac{E(x)}{\sum_n A_n(x) + \varepsilon} \tag{3-39}$$

式中，$E(x) = \sqrt{F(x)^2 + H(x)^2}$，$\varepsilon$ 是一个避免除零的常数。

(1)噪声补偿。

虽然相位一致性能够很好地检测到信号的微小变化，但这一性质导致相位一致性对于噪声非常敏感。在一些无变化的区域，只要有噪声出现就会引起很高的相位一致性。图 3-25(a)显示了没有噪声的情况，图 3-25(b)显示了引入较小噪声的情况。可以看出，在没有噪声的情况下，仅仅在信号突变的位置具较高的相位一致性，而在有噪声的情况下，除了在信号突变的位置以外，在其他地方也产生了极高的相位一致性。由此可见，相位一致性的正确估计严重地被噪声影响。

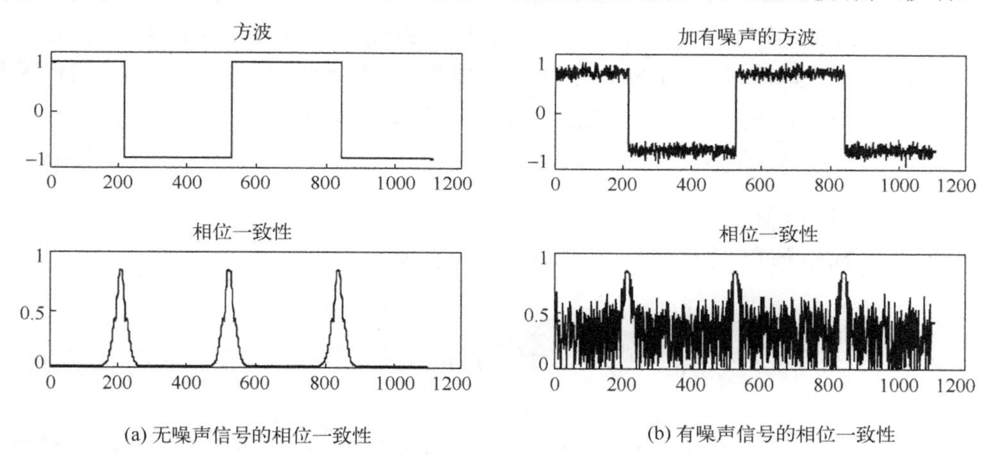

(a) 无噪声信号的相位一致性　　(b) 有噪声信号的相位一致性

图 3-25　无噪声和有噪声情况下的相位一致性

为了克服噪声的影响，这里设置三个假设条件：①图像噪声是可加的；②噪声的频谱是常数(不变的)；③特征(如边缘)在图像上的位置是彼此孤立的。有了

以上三个假设，就可以进行噪声估计。局部能量 $E(x)$ 为各尺度偶对称小波 e_n 和奇对称小波 o_n 响应向量之后的幅值，如下所示

$$E(x)=\sqrt{\left(\sum_n e_n\right)^2+\left(\sum_n o_n\right)^2} \tag{3-40}$$

如果噪声是高斯分布，且相位是随机的，它的每个响应向量就可以分解为两个相互独立的随机变量，并且这些变量服从正态分布，也就是说，每个响应向量的位置满足二维高斯分布。响应向量中噪声部分产生的能量分布可以逐一地和这些二维高斯分布进行卷积得到。Kovesi 指出由噪声产生的能量满足瑞利(Rayleigh)分布

$$R(x)=\frac{x}{\sigma_G^2}\mathrm{e}^{\frac{-x^2}{2\sigma_G^2}} \tag{3-41}$$

式中，σ_G^2 是整个响应向量(即能量向量)位置的方差，其位置满足高斯分布。瑞利分布的期望值为

$$\mu_R=\sigma_G\sqrt{\frac{\pi}{2}} \tag{3-42}$$

瑞利分布的方差为

$$\sigma_R^2=\frac{4-\pi}{2}\sigma_G^2 \tag{3-43}$$

如果能够计算出局部能量 $E(x)$ 中噪声部分的期望值，就可以用它来估计瑞利分布的期望值，从而获得瑞利分布的方差。在此之后，就能够通过设置阈值来消除噪声。

计算 $E(x)$ 不如计算 $E(x)$ 的平方容易。如果 $E(x)$ 满足瑞利分布，则 $E(x)^2$ 服从自由度为 2(2 DOF)的 χ^2 分布。$E(x)^2$ 的期望值满足以下关系

$$E(E(x)^2)=2\sigma_G^2 \tag{3-44}$$

式中，E 表示期望值。

$E(x)^2$ 的期望值可以通过滤波器响应的形式表达

$$\begin{aligned}E(E(x)^2)&=E\left(\left(\sum_n e_n\right)^2+\left(\sum_n o_n\right)^2\right)\\&=E\left(\left(\sum_n e_n\right)^2\right)+E\left(\left(\sum_n o_n\right)^2\right)+E\left(2\sum\left(e_ie_j+o_io_j\right)\right)\\&=2E\left(\left(\sum_n e_n\right)^2\right)+4E\left(\sum_{i<j}(e_ie_j)\right)\end{aligned} \tag{3-45}$$

式中，最后一步的推导依据是 e_n 和 o_n 具有相同的分布，并且相互独立。e_n 是噪声信号 g 和滤波器 M_n 卷积获得的，设定傅里叶变换 $F(f)=\hat{f}$，进一步推导出 $E(x)^2$ 的期望值的表达式如下

$$\begin{aligned}E(E(x)^2) &= 2E\left(\sum_n (M_n * g)^2\right) + 4E\left(\sum_{i<j}(M_i * g)\cdot(M_j * g)\right)\\ &= 2E\left(\sum_n (\hat{M}_n\cdot\hat{g})^2\right) + 4E\left(\sum_{i<j}F^{-1}(\hat{M}_i\cdot\hat{g})*(\hat{M}_j\cdot\hat{g})\right)\\ &= 2|\hat{g}|^2 E\left(\sum_n \hat{M}_n^2\right) + 4E\left(\sum_{i<j}F^{-1}(|\hat{g}|^2\cdot(\hat{M}_i * \hat{M}_j))\right)\\ &= 2|\hat{g}|^2 E\left(\sum_n \hat{M}_n^2\right) + 4|\hat{g}|^2 E\left(\sum_{i<j}\left(M_i\cdot M_j\right)\right)\end{aligned} \tag{3-46}$$

值得注意的是，这里假设 g 的均值为零，并且 $|\hat{g}|$ 为常数。虽然不知道噪声信号的频谱分布 $|\hat{g}|$，但是可以使用最小尺度滤波器的响应值作为噪声信号能量的估计[100]。

这里取最小尺度滤波器响应的幅值平方的中值作为估计值，而 2 DOF 的 χ^2 分布的中值表达式如下

$$\int_0^x \frac{1}{2}\mathrm{e}^{\frac{-x}{2}} = \frac{1}{2} \Rightarrow \text{median} = -2\ln(1/2) \tag{3-47}$$

由于 2 DOF 的 χ^2 分布的均值为 2，所以可以得到

$$E(A_N^2) = \frac{-\text{median}(A_N^2)}{\ln(1/2)} \tag{3-48}$$

式中，N 为最小尺度滤波器的序号。噪声信号的频谱 $|\hat{g}|$ 的估计值如下

$$|\hat{g}|^2 \simeq \frac{E(A_N^2)}{E(\hat{M}_N^2)} \tag{3-49}$$

把式(3-49)代入式(3-46)就可以获得 $E\left(E(x)^2\right)$ 的值，然后通过式(3-44)、式(3-42)和式(3-43)可求出噪声能量响应的瑞利分布的均值 μ_R 和方差 σ_R^2，进而得到噪声阈值 T

$$T = \mu_R + k\sigma_R \tag{3-50}$$

式中，k 为常数，取值一般在 2～3。将这个噪声从局部能量中删除，就可以消除噪声的影响。因此考虑噪声补偿的相位一致性计算公式为

$$\mathrm{PC}(x) = \frac{\lfloor E(x) - T \rfloor}{\sum_n A_n(x) + \varepsilon} \tag{3-51}$$

式中，$\lfloor\ \rfloor$符号表示当表达式的值为正时，保持原值不变，否则为零。

图 3-26 显示了噪声信号的相位一致性，可以看出，经过噪声补偿的相位一致性很大程度上减小了噪声的影响。

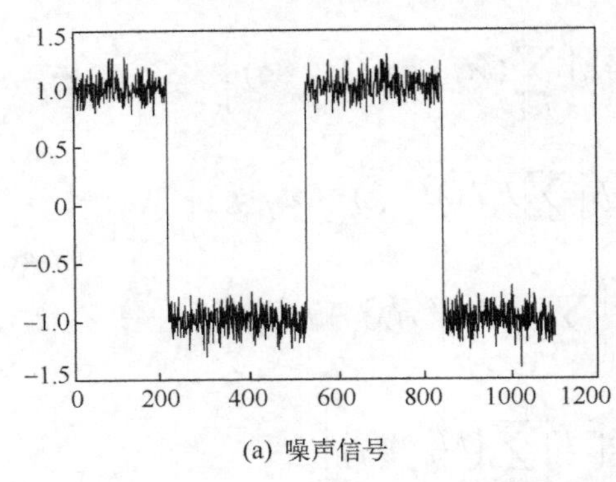

(a) 噪声信号

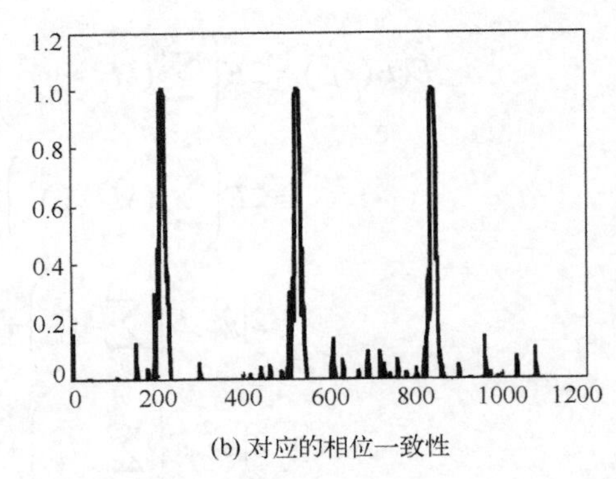

(b) 对应的相位一致性

图 3-26 噪声补偿后的相位一致性

(2) 频率扩展。

理论上，对于信号的每一点，只要它具有较宽的频率覆盖，其相位一致性是非常有区分度的。但是当信号只具有一个频率成分(如正弦波)时，信号上的每一点的相位一致性都为 1。实际中，存在一个比较普遍的情况，如果信号经过了高斯平滑后，那么信号中高频成分以及频率宽度都会减少。而在极端的情况下，信号可能被过度平滑，以至于接近于一个正弦函数，使得每个位置的相位一致性都非常高，这种情况显然不是我们想要的。

为了处理这个问题，这里构建一个加权函数，对信号中滤波器响应频谱较窄的点进行惩罚。为了估计滤波器响应的频谱宽度，使用所有尺度下的滤波器响应之和 $\sum_n A_n(x)$ 除以最强的滤波器响应 $A_{\max}(x)$，同时再除以滤波器尺度的个数 N，作为频谱宽度 $s(x)$ 的表征量

$$s(x)=\frac{1}{N}\left(\frac{\sum_n A_n(x)}{A_{\max}(x)+\varepsilon}\right) \tag{3-52}$$

式中，ε 为一个避免除零的常数。最终的频率扩展的加权函数的定义为

$$W(x)=\frac{1}{1+\mathrm{e}^{\gamma(c-s(x))}} \tag{3-53}$$

式中，c 为滤波器响应频谱宽度的切断值，γ 是用来控制切断锋利程度的增益因子，$s(x)$ 为以上定义的滤波器响应频谱宽度 $s(x)$。图 3-27 显示频率扩展加权函数，

其中 c 取值 0.4，γ 取值为 1。可以看出，对于频谱宽度较小的点，其 $w(x)$ 的取值也很小，从而降低了相位一致性的大小，而随着频谱宽度的增大，$w(x)$ 减小的程度逐渐降低。

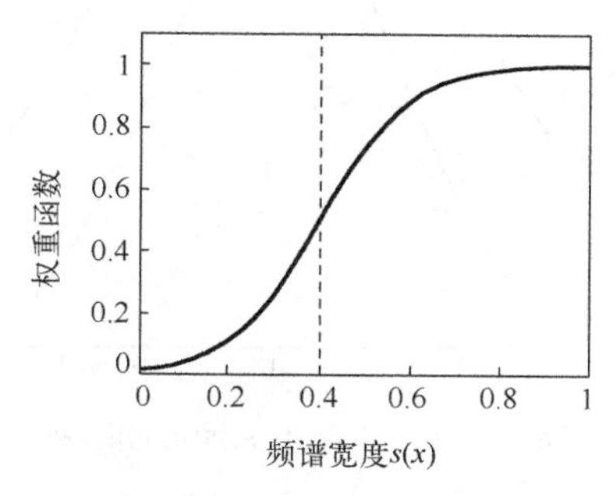

图 3-27 频率扩展加权函数[100]

经过频率扩展加权的相位一致性的计算公式如下

$$\text{PC}(x)=\frac{W(x)\lfloor E(x)-T\rfloor}{\sum_n A_n(x)+\varepsilon} \tag{3-54}$$

(1)新的相位一致性测度。

在实际应用中，Kovesi 发现原始的相位一致性测度(式(3-30))对于图像特征的变化不够敏锐，尤其对于比较模糊的图像。这是因为局部能量和相位差的余弦函数成正比。由式(3-30)可知，当 $\phi_n(x)=\overline{\phi}(x)$ 时，其中 $\phi_n(x)$ 为相位角，$\overline{\phi}(x)$ 为均值相位角，余弦函数取得最大值没有任何问题，但由于余弦函数在零附近的变化率较小，使得只有在 $\phi_n(x)$ 和 $\overline{\phi}(x)$ 相差较大时，余弦函数才会出现明显的下降，这说明了余弦函数在零附近对于相位差的变化不敏感。为了克服这个问题，Kovesi 构建了一种更加敏锐的相位一致性测度。考虑到在相位一致性较高的位置，相位差的余弦函数值较大，而相位差的正弦函数值较小，并且正弦函数在零附近的梯度(变化率)最大。因此使用正弦函数可以增加相位一致性的敏锐性，其公式如下

$$\Delta\Phi(x)=\cos(\phi_n(x)-\overline{\phi}(x))-\left|\sin(\phi_n(x)-\overline{\phi}(x))\right| \tag{3-55}$$

图 3-28 显示了 $\Delta\Phi(x)$ 函数和余弦函数的对比图。与余弦函数相比，$\Delta\Phi(x)$ 函数在零附近的变化率更大，这样使得通过 $\Delta\Phi(x)$ 构建的相位一致性能够更加准确地对特征进行定位。新的相位一致性的计算公式如下

$$\text{PC}_2(x)=\frac{\sum\limits_n W(x)\lfloor A_n(x)\Delta\Phi(x)-T\rfloor}{\sum\limits_n A_n(x)+\varepsilon} \tag{3-56}$$

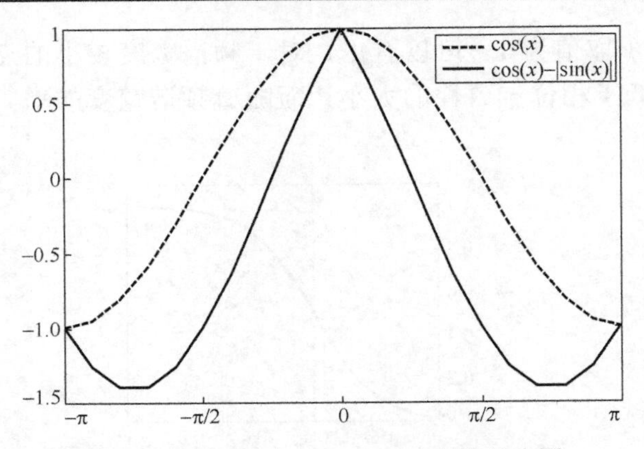

图 3-28 cos(x)和 cos(x)−|sin(x)|的对比图

式中，$W(x)$为频率扩展的加权因子，$A_n(x)$为滤波器在尺度n下的响应幅值，T为噪声阈值，ε为避免除零的常数，$\lfloor\ \rfloor$符号表示当表达式的值为正时，保持原值不变，否则为零。式中的$A_n(x)\Delta\Phi(x)$能够通过滤波器$e_n(x)$和$o_n(x)$来计算。首先利用式(3-57)计算加权的均值相位角$\overline{\phi}(x)$

$$(\overline{\phi}_e(x),\overline{\phi}_o(x))=\frac{1}{\sqrt{(F(x)^2+H(x)^2)}}(F(x),H(x)) \tag{3-57}$$

而

$$A_n(x)\cos(\phi_n(x)-\overline{\phi}(x))=e_n(x).\overline{\phi}_e(x)+o_n(x).\overline{\phi}_n(x) \tag{3-58}$$

$$A_n(x)\left|\sin(\phi_n(x)-\overline{\phi}(x))\right|=\left|e_n(x).\overline{\phi}_o(x)-o_n(x).\overline{\phi}_e(x)\right| \tag{3-59}$$

然后

$$\begin{aligned}&A_n(x)(\cos\left(\phi_n(x)-\overline{\phi}(x)\right)-\left|\sin(\phi_n(x)-\overline{\phi}(x))\right|)=\\&(e_n(x).\overline{\phi}_e(x)+o_n(x).\overline{\phi}_o(x))-\left|e_n(x).\overline{\phi}_o(x)-o_n(x).\overline{\phi}_e(x)\right|\end{aligned} \tag{3-60}$$

把式(3-60)代入式(3-56)就可以计算相位一致性。

(2)扩展到二维。

上面已经探讨了一维信号的相位一致性计算方法，为了对图像进行处理，则需要把相位一致性扩展到二维空间。由于 log Gabor 滤波器的应用是相位一致性算法的核心，所以在二维空间中，使用多个方向 log Gabor 滤波器来计算图像的相位信息，并整合在一起，即可获得图像的相位一致性。二维空间中，具有方向性的 log Gabor 滤波器分为两个分量，即径向分量和角度分量。径向分量类似于一维的 log Gabor 滤波器，即为一组带宽和中心频率逐渐增大的滤波器。角度分量则决定了滤波器的方向性，其表达形式如下

$$G(\theta)=\mathrm{e}^{-\frac{(\theta-\theta_0)^2}{2\sigma_\theta^2}} \tag{3-61}$$

式中，θ_0 为滤波器的角度，σ_θ 为角度方向上高斯函数的标准差。图 3-29 显示了频率域下不同 σ_θ 的角度分量滤波器的形状，其中左侧滤波器的 θ_0 为 0°，σ_θ 为 0.15，而右侧滤波器的 θ_0 为 0°，σ_θ 为 0.3。可以发现，σ_θ 越小，角度分量的覆盖面积越窄，表示滤波器的方向选择性越强；σ_θ 越大，角度分量的覆盖面积越宽，表示滤波器的方向选择性越弱。

(a) θ_0 为 0°，σ_θ 为 0.15 的角度分量

(b) θ_0 为 0°，σ_θ 为 0.3 的角度分量

图 3-29　角度分量在不同 σ_θ 下的示意图

将径向分量与角度分量进行点乘，可获得具有方向性的 2 维 log Gabor 滤波器，如图 3-30 所示。

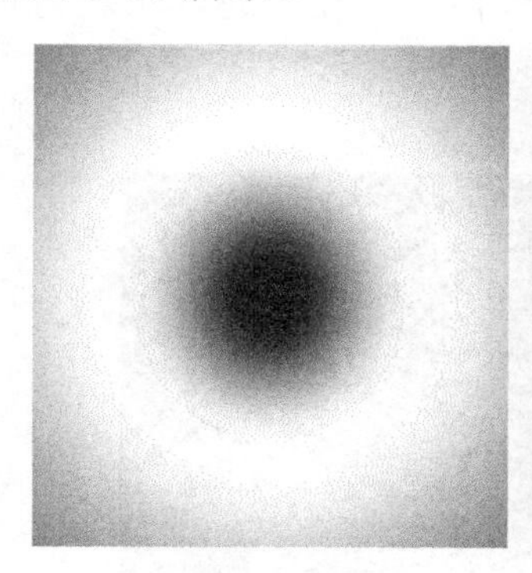

(a) 径向分量

(b) 角度分量

(c) 2 维 log Gabor 滤波器

图 3-30　具有方向性的 2 维 log Gabor 滤波器

图 3-30 展示的是 2 维 log Gabor 滤波器在频率域下的示意图，对其进行傅里

叶反变换可获得空间域下的偶对称滤波器和奇对称滤波器的形状[①]，如图 3-31 所示。

(a) 偶对称滤波器　　(b) 奇对称滤波器

图 3-31　偶对称滤波器和奇对称滤波器

通过对图像进行多尺度多方向的 log Gabor 滤波，计算每个尺度和方向的相位信息，并整合在一起，可获得图像的相位一致性，其计算公式如下

$$\mathrm{PC}_2(x)=\frac{\sum_o\sum_n W_o(x)\lfloor A_{no}(x)\Delta\Phi_{no}(x)-T\rfloor}{\sum_o\sum_n A_{no}(x,y)+\varepsilon} \tag{3-62}$$

$$\Delta\Phi_{no}(x)=\cos(\phi_{no}(x)-\overline{\phi}(x))-\left|\sin(\phi_{no}(x)-\overline{\phi}(x))\right| \tag{3-63}$$

式中，$W_o(x)$ 为频率扩展的权重因子，$A_{no}(x)$ 和 $\phi_{no}(x)$ 为像点 x 在 log Gabor 滤波器尺度 n 和方向 o 上的振幅和相位，$\overline{\phi}(x)$ 为加权的均值相位，$\lfloor\ \rfloor$ 符号表示值为正时取本身，否则取 0，T 为噪声阈值，ε 是一个避免除零的常数。图 3-32 显示某一方向的相位一致性的计算过程，把各个方向的相位一致性整合在一起，可获得最终的结果。

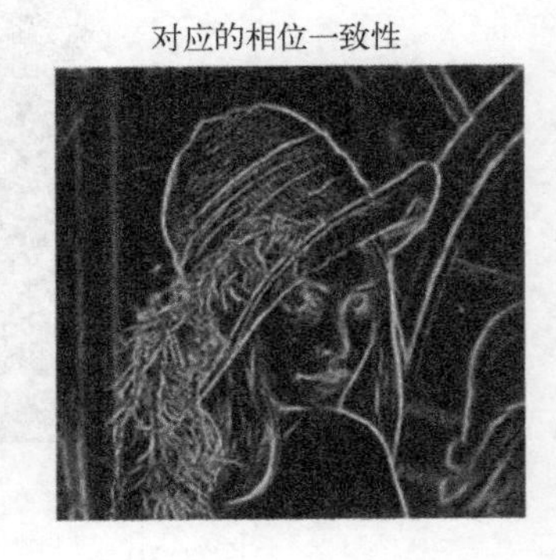

① 理论上，在空间域下利用这对偶对称和奇对称滤波器进行卷积运算近似地等同于频率域下的 2 维 log Gabor 滤波处理。

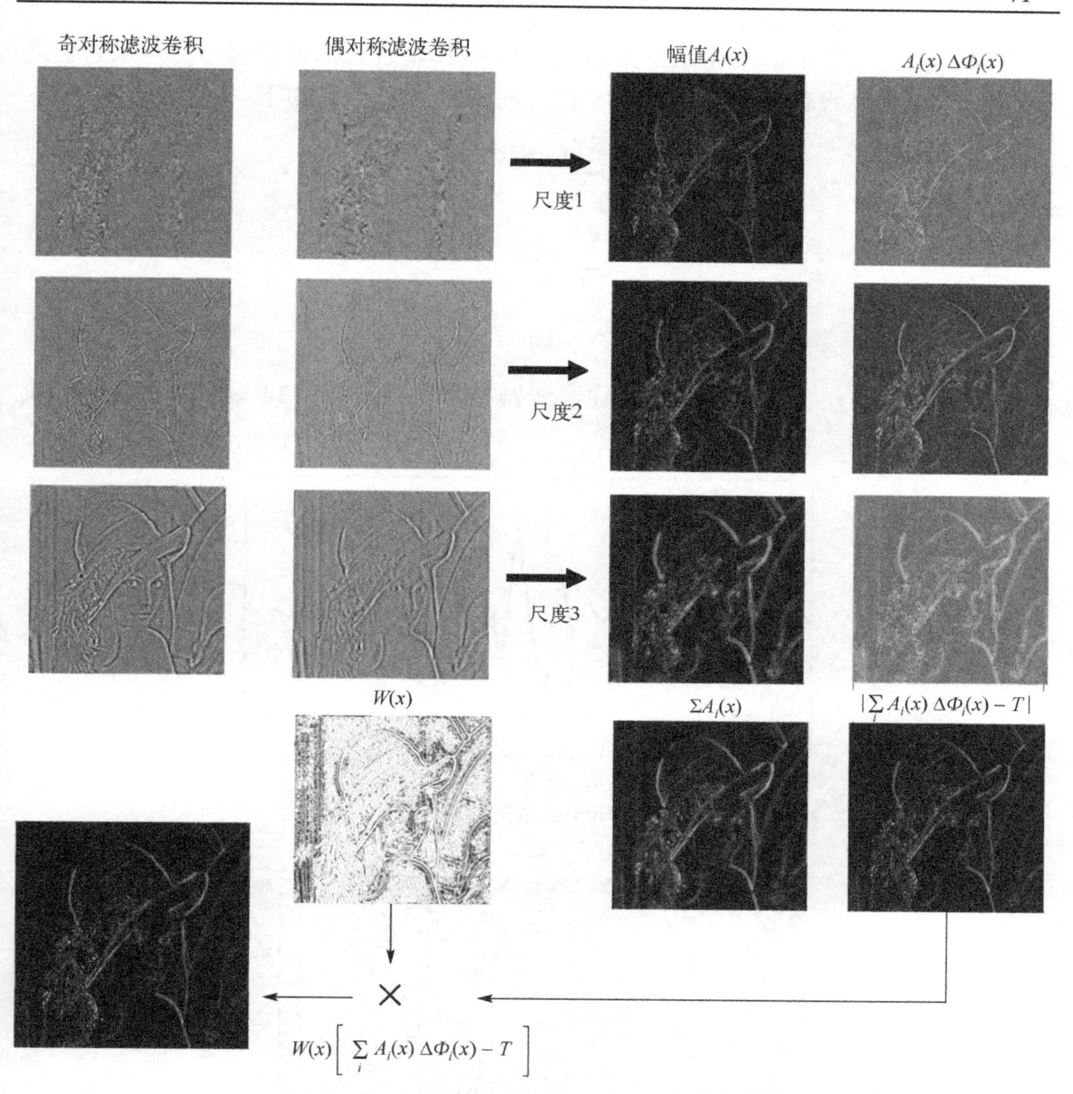

图 3-32　某一方向相位一致性的计算过程

3.3.4　相位一致性特征方向

在相位一致性的计算过程中，除了能获得相位一致性特征值，还可以得到相位一致性特征方向，特征方向表示图像特征变化最剧烈的方向(类似于梯度方向)，对于局部特征描述符的构建非常重要。

log Gabor 函数的奇对称滤波器近似于一种导数差分(或梯度)模板[103]，如图 3-33 所示。该滤波器的卷积结果表示图像在某个方向的能量变化。这里分别统计奇对称滤波器卷积结果在水平方向的能量 a 和垂直方向的能量 b，并求它们之间的反正切值，即获得相位一致性特征方向 Φ，计算公式如下

$$a=\sum_{\theta}(o(\theta)\cos(\theta)) \tag{3-64}$$

$$b=\sum_{\theta}(o(\theta)\sin(\theta)) \tag{3-65}$$

$$\Phi=a\tan 2(b,a) \tag{3-66}$$

式中，$o(\theta)$ 表示在方向 θ 上的奇对称滤波器卷积结果。图 3-34 显示了图像的相位一致性特征方向。

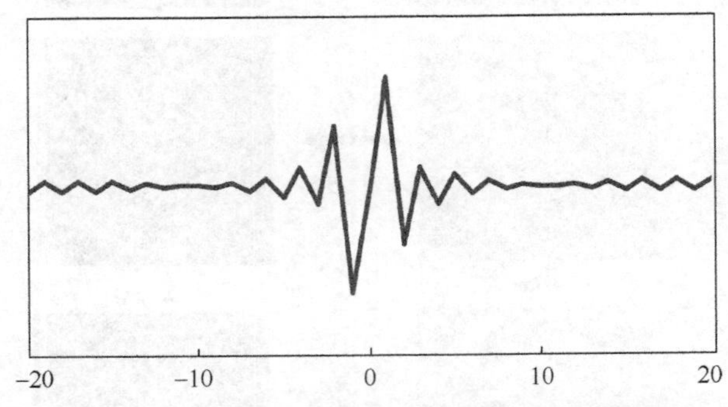

图 3-33　log Gabor 函数的奇对称滤波器形状

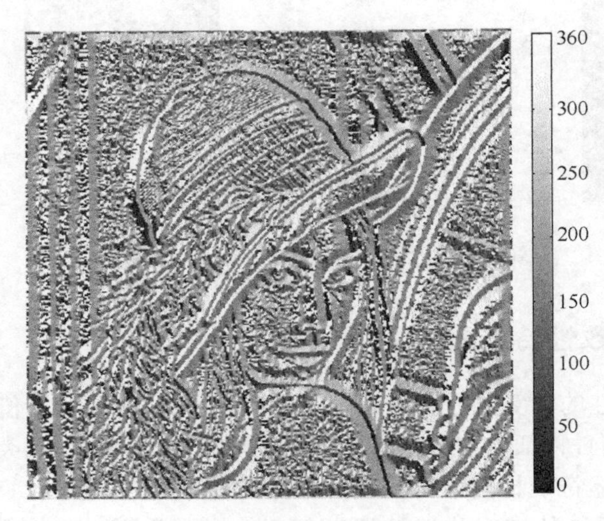

图 3-34　相位一致性特征方向

3.4　本 章 小 结

本章介绍了目前用于图像匹配的主流特征提取方法，包括了点特征和相位一致性特征。点特征提取包括了特征点检测和特征点描述两个步骤，本章首先主要介绍了 Harris-Laplace、Hession-Laplace、DoG 和 MSER 等尺度不变性特征点检测算子，然后描述了 SIFT、SURF、Shape context 和 BRIEF 等特征点描述符的原理，并对这些算子的优缺点和适用范围进行了总结。最后详细介绍了相位一致性特征，该特征具有光照和对比度不变性，可以较好地抵抗图像间的灰度差异，将其应用于特征检测和描述可较好地适用于多模态遥感图像的配准。

第 4 章　匹配度量准则

第 3 章主要介绍了特征检测和特征描述方法，它们都是基于特征配准的关键步骤。而不管是基于特征还是基于区域的配准方法，选择合适的匹配度量准则都是一个核心问题，直接影响到后续的匹配精度。

在图像匹配中，度量准则用于计算两幅图像或者其描述符之间的相似性或差别。改进度量准则可以有效提高匹配的可靠性和计算速度。度量准则模型可以分为距离度量模型和相似性度量模型。若将模板图像和待匹配图像或者它们的描述符看作向量 A 和 B，距离度量结果表示为 $D(A,B)$，相似性度量结果表示为 $S(A,B)$，则当距离 $D(A,B)$ 最小或相似性 $S(A,B)$ 最大时，模板和待匹配图像则可能位于正确的匹配位置。

本章主要介绍图像匹配中常用的距离和相似性度量准则模型，并根据不同度量模型的特点简要地总结它们各自的适用性和局限性。

4.1　距离度量模型

对于距离匹配模型，图像越相似，测量值越小。设向量 $A=[a_1,a_2,\cdots,a_n]$ 和 $B=[b_1,b_2,\cdots,b_n]$，距离度量都满足以下条件：

(1) $D(A,B)\geqslant 0$，当且仅当 $A=B$ 时，等号成立；

(2) $D(A,B)=D(B,A)$；

(3) $D(A,B)\leqslant D(A,C)+D(C,B)$。

4.1.1　L_P 范数

L_P 范数是一种常用的距离度量准则。L_P 范数的定义为：给定向量 $A=[a_1,a_2,\cdots,a_n]$ 和 $B=[b_1,b_2,\cdots,b_n]$，则 A 和 B 之间的 L_P 范数为

$$L_P(A,B)=\left(\sum\left|a_i-b_i\right|^p\right)^{\frac{1}{p}},\quad p>0 \tag{4-1}$$

式中，p 代表 L_P 范数的阶数，p 越大则 L_P 范数的阶数越高，反之越低。

图像匹配中，L_1 范数就是差的绝对值之和(sum of absolute difference，SAD)，通常也被称为曼哈顿距离或街区距离。L_2 范数就是欧几里得距离，也就是常说的

欧氏距离。这两种范数是图像匹配中最常使用的范数，曼哈顿距离和欧氏距离的几何意义对比如图 4-1(b)所示，欧氏距离的函数值明显小于曼哈顿距离。从数学角度分析，曼哈顿距离即为计算两向量的差矢量绝对和，也就是欧氏空间两点所形成线段对坐标轴产生的投影的距离总和。在计算速度上，曼哈顿距离函数计算复杂度为 $O(N\log_2 N)$，要低于欧氏距离的 $O(N^2)$。不同阶 L_P 范数对噪声的适应性不同，当测量高维向量之间的距离时，低阶范数对噪声的适应性往往更好。

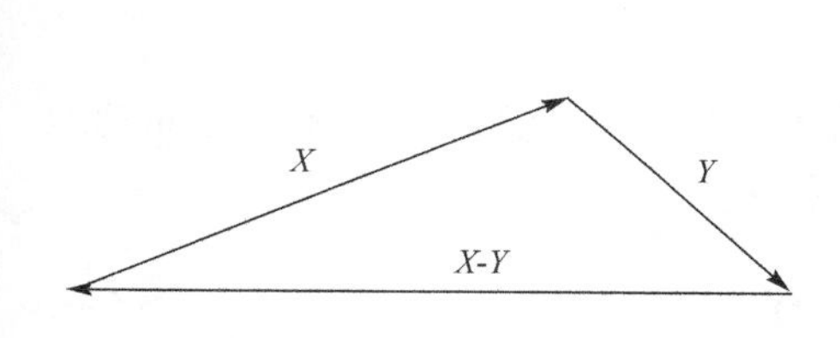

(a) X-Y的模为X-Y的欧氏距离

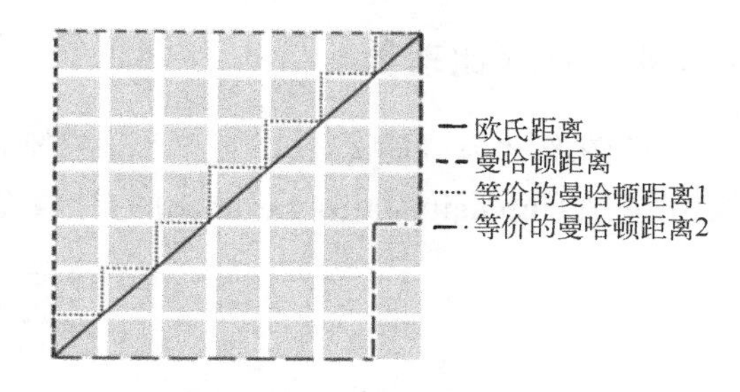

(b) 曼哈顿距离和欧氏距离对比

图 4-1　曼哈顿距离和欧氏距离的几何示例

4.1.2　差平方和

设图像 A 为 $A=[a_1,a_2,\cdots,a_n]$，设图像 B 为 $B=[b_1,b_2,\cdots,b_n]$，则 A 和 B 之间的差的平方和(sum of square difference，SSD)的计算公式为

$$\mathrm{SSD}(A,B)=\sum(a_i-b_i)^2 \tag{4-2}$$

由上式所知，SSD 是欧氏距离未开根号的形式。在不设置阈值的情况下，其测量效果与欧氏距离一致，计算速度则快于欧氏距离，所以 SSD 常用于模板匹配。计算出模板与每次滑动位置对应窗口的 SSD 值，最小值所在的位置即为匹配点坐标。习惯上通常将 SSD 取反来求得最大值，此时值越大，图像越相似。

4.1.3　汉明距离

图像匹配中汉明距离用来计算两个相同长度的二进制向量之间的距离。设有两个相同长度的二进制向量 a 和 b,则汉明距离等于 a 和 b 异或操作结果中值为 1 的位数。其中异或操作的规则如下

$$1\wedge 1=0 \tag{4-3}$$

$$1\wedge 0=1 \tag{4-4}$$

$$0\wedge 0=0 \tag{4-5}$$

举例说明，假设有 a=1011101，b=1001001，则 $a \wedge b = 0010100$，a、b 之间的汉明距离是 2。图像匹配中通常不是直接用汉明距离来计算图像灰度的差异，而是将原图或图像的局部进行二进制编码，然后使用汉明距离来衡量编码结果的差别。汉明距离越大说明比较对象差别越大，反之说明比较对象差别越小。图像匹配中使用汉明距离对二进制编码结果进行测量的一个主要优点是提高了计算速度，这是因为用“位”运算代替了“值”运算有效地减少了单次计算的时间。

4.1.4　灰度比差值

设图像 A 为 $A=[a_1,a_2,\cdots,a_n]$，设图像 B 为 $B=[b_1,b_2,\cdots,b_n]$，则 A 和 B 之间的灰度比差值(intensity-ratio variance)的计算公式如下

$$R_v = \frac{1}{n}\sum_{i=1}^{n}(r_i - \overline{r})^p \tag{4-6}$$

式中，$\overline{r}$ 和 r_i 的计算公式如下

$$\overline{r} = \frac{1}{n}\sum_{i=1}^{n} r_i \tag{4-7}$$

$$r_i = (a_i + \varepsilon)/(b_i + \varepsilon) \tag{4-8}$$

式中，ε 是一个极小量，用于防止除 0 错误。和 L_p 范数一样，灰度比差值 R_v 越大，则说明比较的图像差别越大。不同的是灰度比差值对光照变化有一定的抵抗性，不难证明若图像 B 的像素值 b_i 都是图像 A 的像素值的常数倍，灰度比差值 R_v 保持不变。尽管灰度比差值对灰度比例变化不敏感，但它对加性噪声很敏感，这使得灰度比差值在图像有加性噪声干扰的情况下往往表现不佳。

4.1.5　基于灰度映射的匹配测度

基于非线性灰度映射技术的匹配测度(matching by tone mapping，MTM)的核心思想是采用分段映射函数来拟合图像间的灰度关系，以减少图像间非线性的灰度差异。在模板匹配的过程中，令 $p \in \mathbf{R}^m$ 为一个模板窗口，$w \in \mathbf{R}^m$ 为对应的搜索窗口，定义 $M:\mathbf{R} \to \mathbf{R}$ 为灰度映射函数，而 $M(p)$ 则表示模板 p 的灰度映射。因此，MTM 测度的表达形式为

$$D(p,w) = \min_{M}\left\{\frac{\|M(p) - w\|^2}{m\,\mathrm{var}(p)}\right\} \tag{4-9}$$

式中，分子表示模板窗口的灰度映射值与搜索窗口灰度值的差异，分母是一个归一化因子，其中 var 表示方差，m 表示模板窗口内的像素个数。在 MTM 的计算

过程中，找出合适的灰度映射函数是其关键。Hel-Or 等采用切片变换(the slice transform，SLT)来估计影像间最优的灰度映射函数[17]。SLT 是一种分段的线性函数，在灰度映射过程中，首先利用 SLT 将影像划分为一系列的二进制切片矩阵，然后对每个切片矩阵赋予相应的权值，并将每个切片矩阵进行线性地叠加，形成最终的灰度映射影像，以上过程如图 4-2 所示。可以发现，当灰度映射函数不同时，所得到的映射影像呈现出不同的灰度信息。

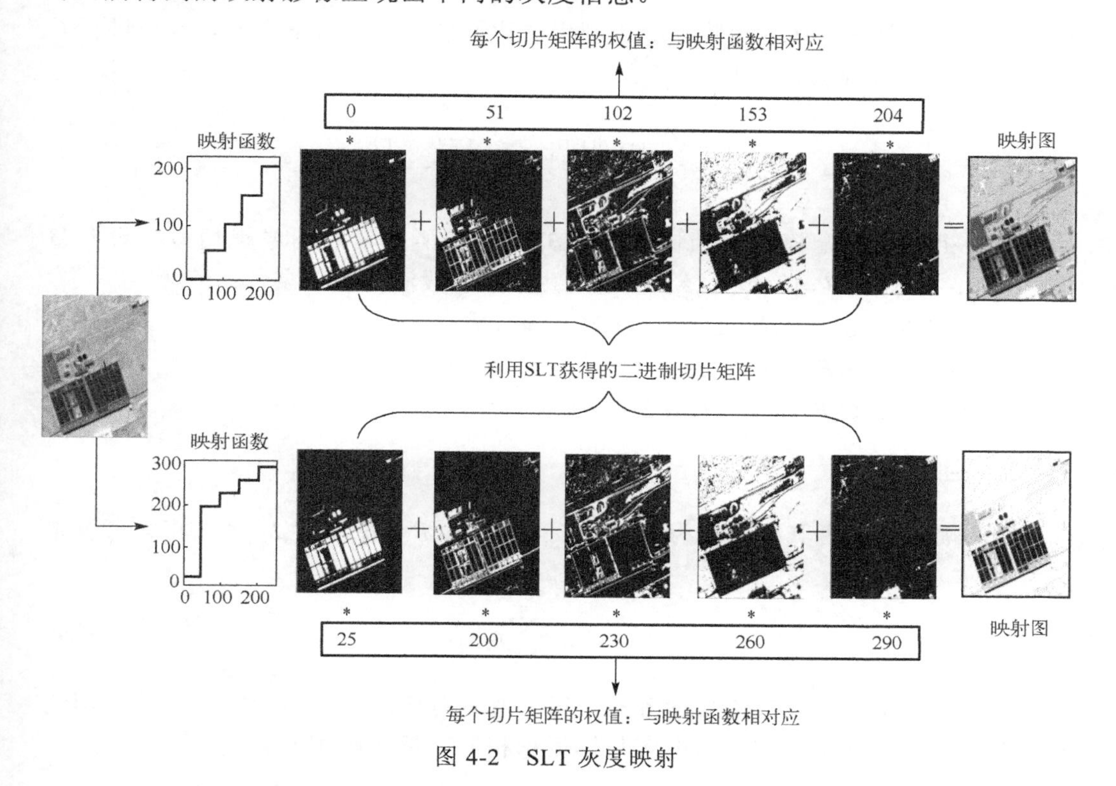

图 4-2　SLT 灰度映射

在引入 STL 后，MTM 的计算公式如下

$$D(p,w)=\min_{\beta}\left\{\frac{\|S(p)\beta-w\|^2}{m\,\mathrm{var}(p)}\right\} \tag{4-10}$$

式中，$S(p)$ 为 SLT 矩阵，即一系列的二进制切片矩阵，β 为映射权值。当给定一个 SLT 矩阵(下面用 S 表示)时，MTM 匹配过程就是求出使 $D(p,w)$ 获得最小值的值。当 $D(p,w)$ 获得最小时，$\|S\beta-w\|^2$ 应为最小，因此 β 的求解公式如下

$$\beta=\arg\min\|S\beta-w\|^2=S^{+}w \tag{4-11}$$

式中，$S^{+}=(S^{\mathrm{T}}S^{-1})S^{\mathrm{T}}$，将其代入公式可得

$$D(p,w)=\frac{\left\|S(S^{\mathrm{T}}S)^{-1}S^{\mathrm{T}}w-w\right\|^2}{m\operatorname{var}(w)} \tag{4-12}$$

对$\left\|S(S^{\mathrm{T}}S)^{-1}S^{\mathrm{T}}w-w\right\|^2$进行分解，可获得 MTM 的最终计算公式

$$D(p,w)=\frac{1}{m\operatorname{var}(w)}\left[\|w\|^2-\sum_i\frac{1}{\left|p^i\right|}(p^i\cdot w)^2\right] \tag{4-13}$$

式中，p^i表示第i个切片矩阵。通过利用盒滤波技术，并对整个搜索区域进行卷积运算，可对 MTM 进行快速计算。

4.2 相似性度量模型

对于相似性匹配模型，相似性$S(A,B)$越大，所比较的图像越相似。设向量$A=[a_1,a_2,\cdots,a_n]$和$B=[b_1,b_2,\cdots,b_n]$，相似性度量一般满足以下条件：

(1) $S(A,B)\leqslant S_0$，当且仅当$A=B$时，等号成立；

(2) $S(A,B)=S(B,A)$；

(3) $S(A,C)S(C,B)\leqslant[S(A,C)+S(C,B)]S(A,B)$。

4.2.1 互相关

设两幅图像或者其描述符为$A=[a_1,a_2,\cdots,a_n]$和$B=[b_1,b_2,\cdots,b_n]$，互相关可以定义为

$$C(A,B)=\sum_{i=1}^{n}a_ib_i \tag{4-14}$$

在模板匹配中，模板图与参考图上每个像素对应滑动窗口计算互相关，相关值越大，则该位置所在的窗口内容与模板越相似，反之则相差越大。

4.2.2 归一化相关系数

归一化相关系数(normalized correlation coefficient，NCC)是一种表示图像间灰度相似性的统计指标，并对灰度间的线性变化具有不变性，已经在遥感图像的匹配中得到了较为广泛的应用。两幅图像A和B间的 NCC 可以定义为

$$\mathrm{NCC}=\frac{\sum_i^N\sum_j^N(a_{ij}-\overline{a})(b_{ij}-\overline{b})}{\sqrt{\sum_i^N\sum_j^N(a_{ij}-\overline{a})^2(b_{ij}-\overline{b})^2}} \tag{4-15}$$

式中，a_{ij} 和 b_{ij} 分别是模板影像 A 和参考影像 B 在第 i 行和第 j 列的像素值，$\overline{a}$ 和 $\overline{b}$ 分别为模板影像和参考影像对应窗口的像素平均值。NCC 的值在−1～1，值越大说明两幅图像灰度间的相关性越高。通常情况下，当 NCC 达到最大时，参考图像对应的窗口处于正确的匹配位置。不过 NCC 同样对于灰度差异比较敏感，尤其是非线性的灰度差异，因此在多模态遥感图像的匹配上表现不能令人满意。

4.2.3　互信息

互信息(mutual information，MI)是信息论的基本概念，用来描述两个随机变量之间的统计相关性，应用到图像配准中用来衡量一幅图像包含另一幅图像的信息的总量。根据这一性质可知，当 MI 达到最大值时，两幅图像处于正确的配准位置。MI 最初应用于多模态医学图像配准，因它能够较好地抵抗图像间的灰度差异，MI 已经逐步地应用于多模态遥感图像的配准。两幅模板图像 A 和 B 的互信息定义如下

$$MI(A,B)=H(A)+H(B)-H(A,B) \tag{4-16}$$

式中，$H(A)$ 和 $H(B)$ 分别是模板图像 A 和 B 的熵，$H(A,B)$ 表示它们的联合熵。熵的定义如下

$$H(A)=-\sum_{a}p_A(a)\log_{p_A}(a) \tag{4-17}$$

$$H(B)=-\sum_{b}p_B(b)\log_{p_B}(b) \tag{4-18}$$

$$H(A,B)=-\sum_{a,b}p_{A,B}(a,b)\log_{p_{A,B}}(a,b) \tag{4-19}$$

式中，$p_A(a)$ 和 $p_B(b)$ 是边缘概率分布，$p_{A,B}(a,b)$ 表示联合概率分布。概率分布可以通过灰度直方图进行计算，如下所示

$$p(A,B)=h(a,b)/\sum_{a,b}h(a,b) \tag{4-20}$$

$$p_A(a)=\sum_{b}p_{A,B}(a,b) \tag{4-21}$$

$$p_B(b)=\sum_{a}p_{A,B}(a,b) \tag{4-22}$$

式中，$h(a,b)$ 表示两幅模板图像间的联合直方图。

4.2.4　相位相关

相位相关(phase correlation)算法是利用傅里叶变换，在频率域进行相位匹配

从而达到图像配准的方法。目前在傅里叶变换领域有了快速算法——快速傅里叶变换(FFT)，因此相位相关法有极大的速度优势，相位相关在图像匹配与融合、模式识别特征匹配等领域有着广泛应用。

根据空间域中两个模板间的相关或卷积等于两个模板的傅里叶变换在频率域中的点乘，可以采用傅里叶变换方法将模板图像从空间域变换到频率域，并以相位相关为相似性测度加速模板匹配。根据傅里叶变换的平移特性，两个函数在空间域中的平移在频率域中表示为相位差。设 $f_1(x,y)$ 和 $f_2(x,y)$ 分别是模板和参考图像，它们之间存在平移关系，即 $f_1(x,y)=f_2(x-x_0,y-y_0)$，根据傅里叶变换的平移特性，在频率域下两者的关系可以表示为

$$F_1(u,v)=F_2(u,v)\exp(-2\pi\mathrm{i}(ux_0+vy_0)) \tag{4-23}$$

F_1 和 F_2 分别表示 f_1 和 f_2 的傅里叶变换函数，它们的归一化功率谱可以表示为

$$Q(u,v)=\frac{F_1(u,v)F_2(u,v)^*}{\left|F_1(u,v)F_2(u,v)^*\right|}=\exp(-2\pi\mathrm{i}(ux_0+vy_0)) \tag{4-24}$$

式中，*表示复共轭，根据平移理论，归一化互功率谱的相位等于相位间的相位差，通过对 $\exp(-2\pi\mathrm{i}(ux_0+vy_0))$ 进行傅里叶反变换可以得到一个位于 (x_0,y_0) 的脉冲函数 $\delta(x-x_0,y-y_0)$。此函数在偏移位置处有明显的尖锐峰值，而其他位置的值接近于零，通过峰值的位置可以确定特征模板之间的偏移量 x_0 和 y_0。如图 4-3 为模板和参考图像的归一化互功率谱。

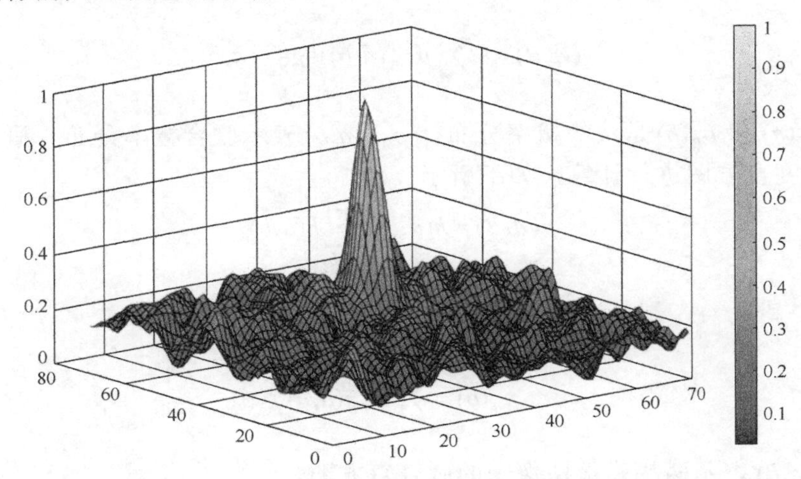

图 4-3　模板影像与参考影像的归一化互功率谱

这里使用相似性图对匹配模板在搜索区域的相似性系数进行可视化表达，如图 4-4 所示，蓝色表示相似性较低，黄色表示相似性较高。

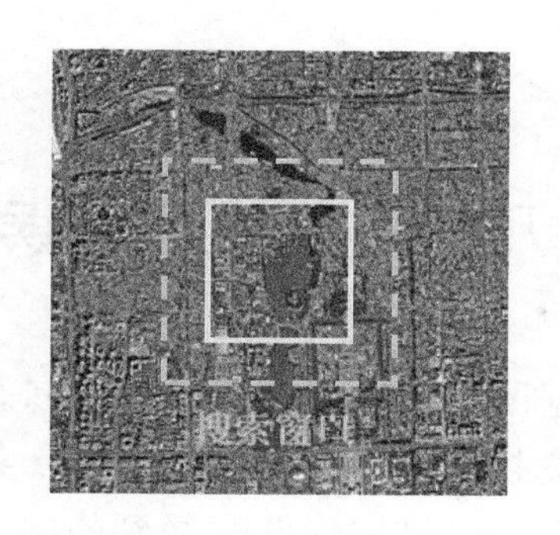

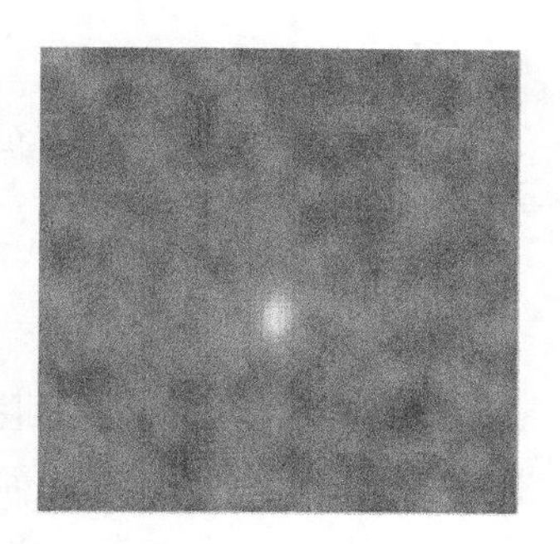

图 4-4　相似性图可视化(见彩图)

4.3　本 章 小 结

本章介绍了图像匹配度量准则，主要从距离度量模型和相似性度量模型两方面介绍了常用的模型方法。其中，距离度量模型介绍了 L_p 范数、SSD、汉明距离、灰度比差值和 MIM。常用的 SSD 通过直接比较图像间灰度的差值来识别同名点，对于图像间的灰度差异非常敏感，不适用于多模态遥感图像的匹配。而 MTM 主要是通过非线性灰度映射技术来减小影像间的灰度差异，不过由于多模态遥感间的灰度关系非常复杂，难以通过某种函数模型进行拟合，所以 MTM 也存在有一定的局限性。

在相似性度量模型中，介绍了互相关、NCC、MI 和相位相关。NCC 对于灰度间的线性变化具有不变性，已经在遥感图像的匹配中得到了较为广泛的应用，不过 NCC 同样对于非线性灰度差异比较敏感。而 MI 能够比较有效地抵抗影像间的灰度差异，已经被成功地应用于多传感器遥感图像的配准，但基于 MI 的配准方法计算量较大，并且对于模板窗口的大小比较敏感，这限制了它在遥感影像配准领域的广泛应用。

第 5 章　几何变换模型和误匹配剔除

图像配准的目的是根据图像匹配得到的图像间同名点的对应关系，经误匹配剔除后，选择合适的几何变换模型和几何校正方法，找到参考图像和输入图像间最优的几何变换参数。为保证经过图像匹配得到的同名点对结果的准确性，需采用一定的误差剔除方法对可能存在的不准确或错误匹配进行剔除。本章将分别介绍几何变换模型、几何校正方法和误匹配剔除的原理。在进行图像配准时，要根据先验知识合理地选择参考图像和输入图像间的几何变换模型。图像间的几何变换关系往往较为复杂，在选取几何变换模型时须综合考虑影响遥感成像的内外部因素，如传感器成像机理、摄影轴倾斜、地球曲率和自转、大气折射等，使选取的几何变换模型尽量真实地反映图像间的几何变换关系。

5.1　几何变换模型

几何变换模型可分为全局变换模型和局部变换模型[104]。全局变换模型利用所有的同名点来估计对整幅图像有效的一个映射函数，如刚体变换、仿射变换、投影变换、多项式变换以及有理函数模型等。局部变换模型对图像的不同部分利用不同的映射函数模型来表示，如分段线性模型、薄板样条插值模型和 B 样条插值模型等。

5.1.1　全局变换模型

全局变换模型将参考图像和待配准图像之间的几何变换关系用一个整体的像元坐标映射函数来表示，图像间的配准问题由此转化为如何优化求解所选定的几何变换模型的参数问题。常用的全局几何变换模型主要有刚体变换、仿射变换、投影变换、多项式变换和有理多项式等模型，表 5-1 列出了部分图像配准中常用的全局变换模型及其应用范围。

表 5-1　部分图像配准中常用的全局变换模型

模型名称		变换示意图	主要应用范围
全局变换模型	刚体变换		二维平面内的平移、旋转和缩放变形

续表

模型名称		变换示意图	主要应用范围
全局变换模型	仿射变换		二维平面内的平移、旋转、缩放和错切变形
	投影变换		物体从三维空间投影到二维空间过程中所发生的变形，在计算视觉和近景摄影测量领域应用广泛
	多项式变换		二维平面内的旋转、平移、缩放变形，以及非线性变换

(1)刚体变换。

刚体是指内部结构不容易发生形变的物体，刚体变换(rigid transformation)，主要是针对旋转和平移进行的一种几何变换模型。

刚体变换可分解为平移、旋转、镜像(即反转)，其特性是图像中的两点在变换后欧氏距离保持不变，且两条直线的平行或者垂直等关系保持不变。在二维图像中，设 (x, y) 和 (x', y') 分别为输入图像和参考图像上对应的同名点坐标，点 (x, y) 通过刚体变换至点 (x', y') 的过程可表示为

$$\begin{bmatrix} x' \\ y' \\ 1 \end{bmatrix} = \begin{bmatrix} \cos\theta & -\sin\theta & t_x \\ \sin\theta & \cos\theta & t_y \\ 0 & 0 & 1 \end{bmatrix} \begin{bmatrix} x \\ y \\ 1 \end{bmatrix} \tag{5-1}$$

刚体变换矩阵具有 3 个自由度，分别是(逆时针)旋转角度 θ、x 方向偏移量 t_x 以及 y 方向偏移量 t_y。刚体变换可通过至少 2 对控制点来计算。

(2)仿射变换。

仿射变换(affine transformation)，主要是针对平移、旋转、缩放、剪切等进行的一种几何变换模型。仿射变换将直线映射为直线，平行的两条直线在仿射变换后仍然保持平行关系，但直线的长度和相交直线的角度在仿射变换后会发生变化。在二维图像中，设 (x, y) 和 (x', y') 分别为输入图像和参考图像上对应的同名点坐标，点 (x, y) 通过仿射变换至点 (x', y') 的过程可表示为

$$\begin{bmatrix} x' \\ y' \\ 1 \end{bmatrix} = \begin{bmatrix} a_0 & a_1 & a_2 \\ b_0 & b_1 & b_2 \\ 0 & 0 & 1 \end{bmatrix} \begin{bmatrix} x \\ y \\ 1 \end{bmatrix} \tag{5-2}$$

仿射变换矩阵具有 6 个自由度，其中，a_0、a_1、b_0、b_1 是旋转、缩放、剪切

等变化的组合参数，a_2、b_2 分别是 x 和 y 方向上的偏移量。仿射变换可通过至少3对不共线的控制点来计算。

(3)投影变换。

投影变换(projective transformation)又称为透视变换(perspective transformation)或单应性变换(homography transformation)。

投影变换将直线映射为直线，但平行的两条直线在投影变换后不保持平行关系，且直线的长度和相交直线的角度会发生变化。在二维图像中，设 (x, y) 和 (x', y') 分别为输入图像和参考图像上对应的同名点坐标，点 (x, y) 通过投影变换至点 (x', y') 的过程可表示为

$$\begin{bmatrix} x' \\ y' \\ 1 \end{bmatrix} = \begin{bmatrix} \theta_0 & \theta_1 & \theta_2 \\ \theta_3 & \theta_4 & \theta_5 \\ \theta_6 & \theta_7 & \theta_8 \end{bmatrix} \begin{bmatrix} x \\ y \\ 1 \end{bmatrix} \tag{5-3}$$

投影变换矩阵具有 8 个自由度，其中，$\theta_1 \sim \theta_8$ 为投影变换的参数，可通过至少4对不共线的控制点来计算。

(4)多项式变换。

多项式变换是一种非线性变换(nonlinear transformation)，即一幅图像中的一条直线经过变换映射到另一幅图像上不再是直线的变换。

多项式变换适合于全局性形变的图像配准问题，以及图像整体近似刚体变换模型，但局部有形变的配准情况。在二维图像中，设 (x, y) 和 (x', y') 分别为待校正图像和参考图像上对应的同名点坐标，点 (x, y) 通过 N 次多项式至点 (x', y') 的过程可表示为

$$\begin{cases} x' = \sum_{i=0}^{n} \sum_{j=0}^{n} a_{ij} x^i y^j \\ y' = \sum_{i=0}^{n} \sum_{j=0}^{n} b_{ij} x^i y^j \end{cases} \tag{5-4}$$

式中，n 为所需拟合多项式的最高次数。为了保证计算速度，实际中多项式变换一般均采用二次以下，其中一次多项式模型就是仿射变换模型。

(5)有理函数模型。

有理函数模型(rational function model，RFM)是各种传感器几何模型的一种广义的表达形式[105]。是对不同的传感器模型更为精确的表达形式。它能适用于各类传感器，包括最新的航空和航天传感器，无须考虑传感器的物理意义。它的缺点是模型解算复杂、运算量大，并且要求控制点数目相对较多。但由于引入较多定

向参数，其模拟精度很高，能消除由地形起伏所引起的投影视差，并能够替代卫星的严格成像模型。

有理函数模型将像点坐标 (x', y') 表示为以相应地面点空间坐标 (x, y, z) 为自变量的多项式比值

$$\begin{cases} x' = \dfrac{\sum\limits_{i=0}^{n}\sum\limits_{j=0}^{n-i}\sum\limits_{k=0}^{n-i-j} a_{ijk} x^i y^j z^k}{\sum\limits_{i=0}^{n}\sum\limits_{j=0}^{n-i}\sum\limits_{k=0}^{n-i-j} c_{ijk} x^i y^j z^k} \\ y' = \dfrac{\sum\limits_{i=0}^{n}\sum\limits_{j=0}^{n-i}\sum\limits_{k=0}^{n-i-j} b_{ijk} x^i y^j z^k}{\sum\limits_{i=0}^{n}\sum\limits_{j=0}^{n-i}\sum\limits_{k=0}^{n-i-j} d_{ijk} x^i y^j z^k} \end{cases} \tag{5-5}$$

式中，多项式中每一项的各个地面点空间坐标分量 x、y、z 的幂最大不超过 3，且每一项各个坐标分量 x、y、z 的幂的总和也不超过 3，即 n 不超过 3。a_{ijk}、b_{ijk}、c_{ijk}、d_{ijk} 是待求解的多项式系数，这些系数称为有理函数系数。由光学投影引起的畸变表示为一阶多项式的系数，如地球曲率、大气折射、镜头畸变等的改正，可由二阶多项式趋近，高阶部分的其他未知的畸变可用三阶多项式模拟。RFM 实质上是多项式变换模型的扩展，也是很多传感器模型的共同形式。

5.1.2　局部变换模型

局部变换模型通常被用在参考图像和输入图像之间的空间变换关系非常复杂，不能用一个函数来表示的情况下，如大尺寸图像之间的配准。局部变换模型将参考图像和待校正图像不同部分的空间对应关系用不同的函数表示，将图像看成由一些小的面片组成，每一个小的面片都有自己的几何变换模型。常用的局部几何变换模型主要有分段线性模型、薄板样条模型和 B 样条模型。

(1) 分段线性模型。

分段线性模型把图像划分为不同的三角形区域，并求解每个区域的刚体、仿射或投影变换，适用于图像局部的线性变形。

(2) 薄板样条模型。

薄板样条 (thin plate spline，TPS) 是基于径向基函数的一种样条，最初由 Duchon 在解决离散数值的表面插值问题时提出，是弹性应力最小的一种模型[106]。薄板样条由 Bookstein 最早引入应用于图像配准中，用以表述二维平面内的形变，是目前应用较多的一种基于样条函数的配准方法。薄板样条插值可以定义为

$$f(x,y)=A_1+A_2x+A_3y+\sum_{i=1}^{n}F_i r_i^2 \ln r_i^2 \tag{5-6}$$

式中

$$r^2=(x-x_i)^2+(y-y_i)^2+d^2 \tag{5-7}$$

这是金属板在载荷下延伸变形在点$\{(x_i,y_i):i=1,\cdots,n\}$的方程，$d^2$表示刚度参数，当$d^2$接近零时，载荷接近点载荷，$d^2$增加时，载荷向更大范围分布产生光滑表面。式(5-6)有n+3个未知数，将n个点坐标代入上述式子可得n个关系式，剩下三个关系式由以下约束公式得到

$$\begin{cases}\sum_{i=1}^{n}F_i=0\\ \sum_{i=1}^{n}x_iF_i=0\\ \sum_{i=1}^{n}y_iF_i=0\end{cases} \tag{5-8}$$

第一个约束方程表明所有作用于薄板上的载荷为零，薄板达到稳定状态；第二个和第三个约束方程是为了确保在x轴和y轴力矩为零，保证即使在表面强加载荷也不会出现旋转。通过式(5-6)和式(5-7)就可以求出上述所有未知系数，所以薄板样条函数在有足够多的标记点情况下就可以模拟空间任意的形变。

(3) B样条模型。

B样条(B-Spline)也称为基样条(basis spline)，是唯一具有最小局部支撑特性的样条函数[107]。1948年，美国数学家Schoenberg在对统计数据进行光滑处理时首次提出B样条函数，从此开始了样条逼近的理论研究。1974年，由Gordon和Riesenfeld在改造伯恩斯坦基函数时，提出B样条曲线。B样条曲线从伯恩斯坦多项式构建的曲线中演化而来，由基曲线线性组合而得，是一种具有分段连续性的特殊曲线，将一定数量的控制点按照特定的规则进行拟合就可以得到B样条曲线。对于贝塞尔曲线，改变一个控制点会影响整条曲线的形状，因此很难对曲线进行部分调整，而B样条曲线在保留了贝塞尔曲线所有优点的同时具有局部控制性好、可连续性、高拟合性的优势。

B样条曲线上每个点的坐标都可以通过计算基函数的线性组合得到，k次B样条曲线表达式如下

$$P(u)=\sum_{j=0}^{n}P_jB_{j,k}(u),\ u_{\min}\leqslant u\leqslant u_{\max},\ 1\leqslant k\leqslant n \tag{5-9}$$

式中，P_j 为构造 B 样条曲线的控制点，共有 $n+1$ 个，$B_{j,k}$ 是次数为 k 的多项式，k 可取 $1\sim n$ 的任意整数，基函数 $B_{j,k}(u)$ 的具体计算方法可以通过递推公式表达为如下

$$B_{j,0}(u)=\begin{cases}1, & u_j \leqslant u \leqslant u_{j+1} \\ 0, & \text{其他}\end{cases} \tag{5-10}$$

$$B_{j,k}(u)=\frac{u-u_j}{u_{j+k}-u_j}B_{j,k-1}(u)+\frac{u_{j+k+1}-u}{u_{j+k+1}-u_{j+1}}B_{j+1,k-1}(u),\ \ k>0 \tag{5-11}$$

式中，每个基函数共有 k+1 个子区间，它们的并集就是 u 的取值范围，实际应用中，通常取[0, 1]。式(5-11)中的 u_j 和 u_{j+1} 称为端点，一系列端点组成的向量空间称为节点向量。

B 样条曲线根据控制点在其定义域内是否为均匀分布，可分成均匀和非均匀 B 样条曲线。在非刚性图像配准研究中，控制网格节点之间的间距都是固定的常数，节点沿各自的参数轴都是均匀分布的，因此在之后的配准中，使用的都是均匀 B 样条曲线，其基函数表达式通过递推公式可得到更简化的公式，如下所示

$$B_{j,k}(u)=\sum_{j=0}^{n}P_jB_{j,3}(u),\quad u_{\min}\leqslant u\leqslant u_{\max} \tag{5-12}$$

各个基函数数学表达式如下

$$\begin{cases}B_{0,3}=(1-u)^3/6 \\ B_{1,3}=(3u^2-6u+4)/6 \\ B_{2,3}=(-3u^3+3u^2+3u+1)/6 \\ B_{3,3}=u^3/6\end{cases} \tag{5-13}$$

由此，三次均匀 B 样条曲线的矩阵形式表达式如下

$$P(u)=\frac{1}{6}(u^3\quad u^2\quad u\quad 1)\begin{bmatrix}-1 & 3 & -3 & 1 \\ 3 & -6 & 3 & 0 \\ -3 & 0 & 3 & 0 \\ 1 & 4 & 1 & 0\end{bmatrix}\begin{bmatrix}P_0 \\ P_1 \\ P_2 \\ P_3\end{bmatrix} \tag{5-14}$$

由以上矩阵表达式可以看出，三次均匀 B 样条曲线拥有形式简单、运用灵活等优势。曲线上任意一点坐标值只与它周围相邻的 4 个控制点有关，不受曲线上其他任何点的影响，拥有局部支撑性好的优点。

B 样条曲线是描述一维方向上的曲线逼近和样本点的拟合，由于图像是二维方向上的数据点集合，当进行图像配准时，还需延伸到二维空间。B 样条曲面可

视为 B 样条曲线往更高维的延伸，由两个方向上的控制点共同组成网格最终形成一个控制平面。B 样条曲面的表达式为

$$P(u,v)=\sum_{ju=0}^{nu}\sum_{jv=0}^{nv}P_{ju,jv}B_{ju,ku}(u)B_{jv,kv}(v) \tag{5-15}$$

式中，$P_{ju,jv}$ 为构造 B 样条曲面控制网格的控制点，数量为 $n_u \times n_v$，u、v 为自变量参数，$B_{ju,ku}$、$B_{jv,kv}$ 分别代表第 j_u 个 k_u 次、第 j_v 个 k_v 次 B 样条基函数。一般地，使用最多的是均匀的双三次 B 样条曲面，此时 k_u 和 k_v 取值均为 3，n_u 和 n_v 也就都取 3(大于 3 对上式没有实际计算意义)，于是上式可改写为如下的数学表达式

$$P(u,v)=\sum_{ju=0}^{3}\sum_{jv=0}^{3}P_{ju,jv}B_{ju,3}(u)B_{jv,3}(v) \tag{5-16}$$

这样，均匀双三次 B 样条曲面矩阵形式表达式为

$$P(u,v)=(u^3 \quad u^2 \quad u \quad 1)M\begin{bmatrix}P_{0,0} & P_{0,1} & P_{0,2} & P_{0,3}\\ P_{1,0} & P_{1,1} & P_{1,2} & P_{1,3}\\ P_{2,0} & P_{2,1} & P_{2,2} & P_{2,3}\\ P_{3,0} & P_{3,1} & P_{3,2} & P_{3,3}\end{bmatrix}M^{\mathrm{T}}\begin{pmatrix}v^3\\ v^2\\ v\\ 1\end{pmatrix},\quad u,v\in[0,1] \tag{5-17}$$

式中，M 矩阵为

$$M=\frac{1}{6}\begin{bmatrix}-1 & 3 & -3 & 1\\ 3 & -6 & 3 & 0\\ -3 & 0 & 3 & 0\\ 1 & 4 & 1 & 0\end{bmatrix} \tag{5-18}$$

B 样条曲面具有良好局部控制性的优点，即改变曲面上任意一个控制点的位置，仅会对该控制点所在的局部曲面产生影响，而整个图像保持不变。通过以上 B 样条曲面矩阵形式表达式可知，其上任意一点的位置仅由其附近的 4×4 个控制点共同决定。

5.2 几何校正

几何校正是指原始图像 f 经几何变换和重采样后得到校正后图像 g 的过程[108]。遍历原始图像 f 上的各像素 (x,y) 可得其在几何变换后的坐标值 (x',y')，然而直接由上述公式计算得到的坐标可能是非整数，而数字图像的像素只能在整数位置定义坐标，所以需要对几何变换后的非整数坐标 (x',y') 进行像元灰度值的重采样。几何校正的步骤包括像元坐标的变换和像元灰度值的重采样。

5.2.1　像元坐标的变换

坐标变换分为直接法和间接法。

直接法是指从原始图像的矩阵出发，依次计算每个像元在输出图像中的坐标。直接法输出的像元值大小不会发生变化，但可能导致输出图像中的像元分布不均匀。

由图 5-1 可见，直接法直接以原始图像的坐标为基准点，坐标偏移到校正后的图像，坐标的位置有很多出现在了像元的中间位置，所以直接输出像元值大小导致像元分布不均匀。

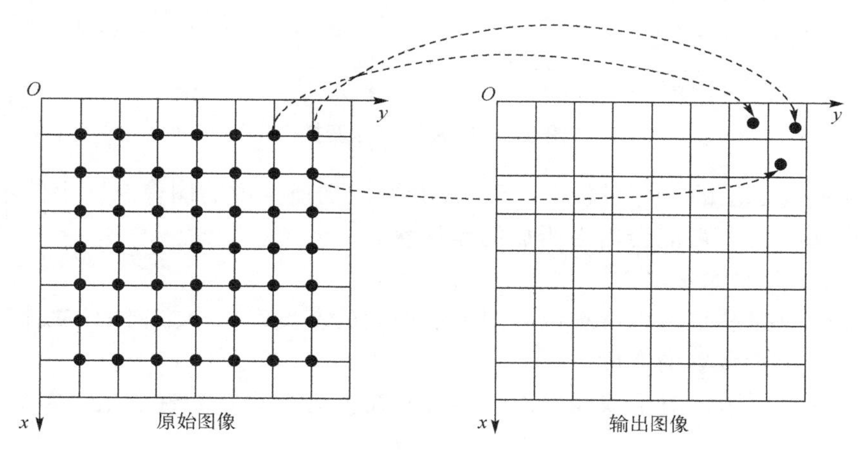

图 5-1　直接法坐标变换

间接法是指从输出图像的矩阵出发，依次计算每个像元在原始图像中的位置，然后计算原始图像在该位置的像元值，再将计算的像元值赋予输出图像像元。此方法保证校正后的图像的像元在空间上均匀分布，但需要进行灰度重采样。该方法是最常用的几何校正方法。

由图 5-2 可见，对于间接法，以输出图像的坐标为基准点，已经定义在了格点的位置上，此时反算出该点在原始图像上对应的图像坐标，坐标多数落在像元的中间位置。这里采用最邻近法、双线性内插和三次卷积法来计算该点的灰度值，达成重采样的目的。

5.2.2　像元灰度的重采样

(1) 最邻近内插法。

这是最简单的一种插值方法，如图 5-3 所示，设 $p(i+u, j+v)$ 为待求像素的灰度值(其中，i、j 为正整数，u、v 为大于零、小于 1 的小数，下同)，在待求像素的四个邻像素中，将距离待求像素最近的邻像素灰度赋给待求像素。即如果 $0 < u < 0.5, 0 < v < 0.5$，则将左上角邻近像素的灰度值 $p(i, j)$ 赋给待求像素。

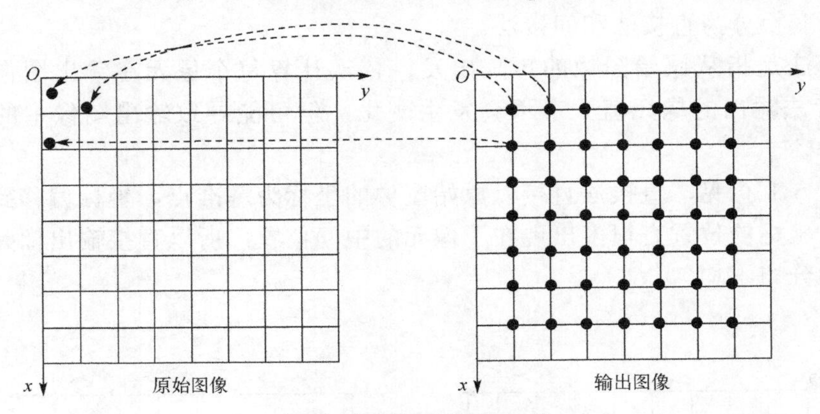

图 5-2 间接法坐标变换

最邻近内插法的计算量较小，但可能会造成插值生成的图像灰度上的不连续，在灰度变化的地方可能会出现明显的锯齿状。

(2) 双线性内插法。

双线性内插法是利用待求像素四个邻像素的灰度在两个方向上作线性内插，以估计待求像素位置的灰度。

如图 5-4 所示，对于双线性内插，首先在 y 方向进行线性插值，得到一次插值结果

$$\begin{cases} p(i, j+v) = vp(i, j) + (1-v)p(i, j+1) \\ p(i+1, j+v) = vp(i+1, j) + (1-v)p(i+1, j+1) \end{cases} \tag{5-19}$$

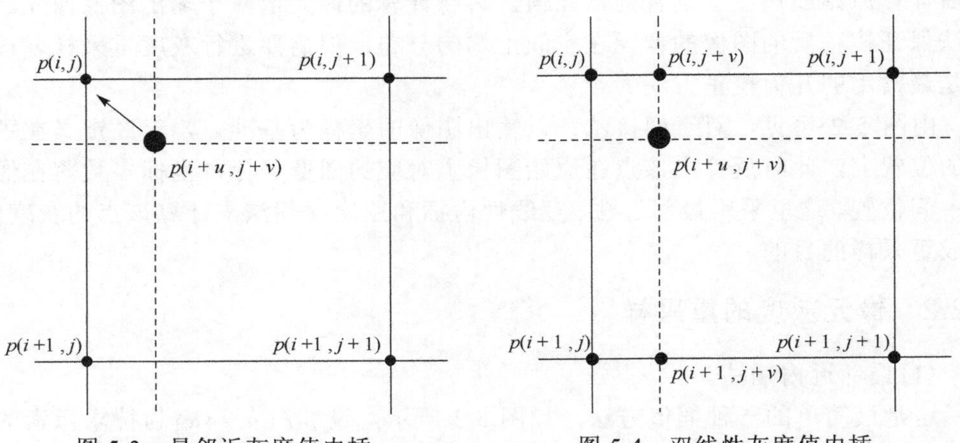

图 5-3 最邻近灰度值内插　　图 5-4 双线性灰度值内插

利用上述插值结果，在 x 方向进行线性插值，得到待求像素的灰度值

$$p(i+u, j+v) = up(i, j+v) + (1-u)p(i+1, j+v) \tag{5-20}$$

整理可得

$$\begin{cases} p(i, j+v) = vp(i, j) + (1-v)p(i, j+1) \\ p(i+1, j+v) = vp(i+1, j) + (1-v)p(i+1, j+1) \end{cases} \tag{5-21}$$

双线性内插法的计算比最邻近内插法复杂，但克服了灰度不连续的缺点。双线性内插法具有低通滤波的性质，使得高频分量受损，可能造成图像轮廓的细微损失。

(3) 双三次内插法。

双三次内插法的计算复杂度较高，通过对图像上的待求像素点附近的 16 个像素点的灰度值进行加权求平均，得到待求像素点的灰度值。由于参与计算的像素点个数较多，得到的灰度值也就更接近待求点的实际值，在保持细节方面的效果比双线性内插法相对较好，但不足之处是时间过长效率低。待求点及 16 个最邻近点的在图像中的位置关系如图 5-5 所示。

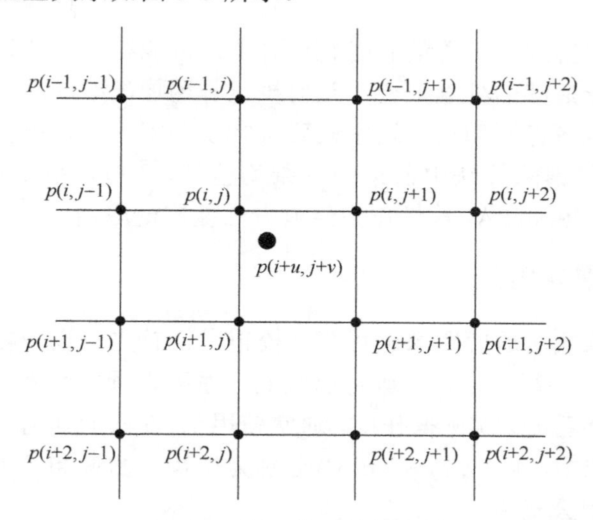

图 5-5　双三次灰度值内插

待求像素灰度值的计算公式如下

$$p(i+u, j+v) = A \times B \times C \tag{5-22}$$

$$A = \begin{bmatrix} s(1+v) & s(v) & s(1-v) & s(2-v) \end{bmatrix} \tag{5-23}$$

$$B=\begin{bmatrix} f(i-1,j-1) & f(i-1,j) & f(i-1,j+1) & f(i-1,j+2) \\ f(i,j-1) & f(i,j) & f(i,j+1) & f(i,j+2) \\ f(i+1,j-1) & f(i+1,j) & f(i+1,j+1) & f(i+1,j+2) \\ f(i+2,j-1) & f(i+2,j) & f(i+2,j+1) & f(i+2,j+2) \end{bmatrix} \tag{5-24}$$

$$C=\begin{bmatrix} s(1+u) \\ s(u) \\ s(1-u) \\ s(2-u) \end{bmatrix} \tag{5-25}$$

其中 $s(x)$ 为插值加权系数函数，表达式如下

$$s(x)=\begin{cases} 1-|2x|^2+|x|^3, & |x|>1 \\ 4-8|x|+5|x|^2-|x|^3, & 1\leqslant |x|<2 \\ 0, & |x|\geqslant 2 \end{cases} \tag{5-26}$$

5.3 误匹配剔除

经过图像匹配得到一定数量的同名点对中，可能存在部分误匹配情况。若直接将同名点对用于后续的处理，会对几何校正与图像配准的准确性造成极大的影响。因此，在完成图像匹配后，通常需要进行误匹配剔除，以保证匹配点对的准确性。在众多误差剔除算法中，最小二乘均值法[109]与随机采样一致法(random sample consensus，RANSAC)[110]作为经典方法被广泛应用。

5.3.1 最小二乘均值法

通过几何多项式对遥感图像进行几何校正时，首先假设两幅图像间的几何校正模型可以用 N 次多项式表示，则可以找到一系列多项式系数，使得其尽可能地与匹配点对数据相符合。实际操作中，通常使用 1～3 次的几何多项式对图像进行拟合，在二维图像中，设 (x, y) 和 (x', y') 分别为待校正图像和参考图像上对应的同名点坐标，其通用公式为

$$\begin{cases} x'=f(x)=\sum\limits_{n=0}^{\infty}(a_n x^n) \\ y'=f(y)=\sum\limits_{n=0}^{\infty}(b_n y^n) \end{cases} \tag{5-27}$$

由于匹配点对的数量往往超过必要观测值数，无法得到多项式系数的真值。

为了得到一个较为可靠的拟合函数，通常使用最小二乘法进行系数求解。最小二乘法假设误差符合正态分布且每一数据相互独立，并令其计算得到的多项式系数使多项式值与观测值之差的平方和(均方误差)最小，其要求如下

$$\sum_{i=1}^{N} r_i^2 = \sum_{i=1}^{N} [f(x;\alpha_1,\alpha_1,\cdots,\alpha_n) - y_i]^2 = \min \tag{5-28}$$

使用最小二乘法进行误匹配剔除，即通过指定 N 次多项式作为几何变换模型，根据同名点对模型系数进行计算以得到具体的多项式系数值与均方误差。

使用最小二乘法对同名点对进行误差剔除的基本流程如下：

(1) 为校正模型选定几何多项式次数 N。

(2) 为均方误差指定某一阈值，认为模型的均方误差小于该阈值时剔除所有误匹配点对，且几何变换模型精度达到要求。

(3) 计算当前多项式的参数与各同名点对的均方误差。

(4) 若存在均方误差超过阈值，则剔除残差最大的同名点对。若所有同名点对的均方误差均小于阈值，则结束误差剔除步骤。

重复步骤(3)～步骤(4)，将所有均方根误差大于阈值的同名点对剔除，以得到最终同名点对。

5.3.2　随机采样一致法

最小二乘法在构建模型时假设误差符合正态分布且每一数据间无关，因此当误匹配点对较多或存在部分离群的数据时，最小二乘法计算得到的模型正确性与误匹配点的剔除准确度将大大降低。此时，使用 RANSAC 方法可以较好地将这些误匹配点剔除，以得到较为精确的几何变换模型参数，如图 5-6 所示。

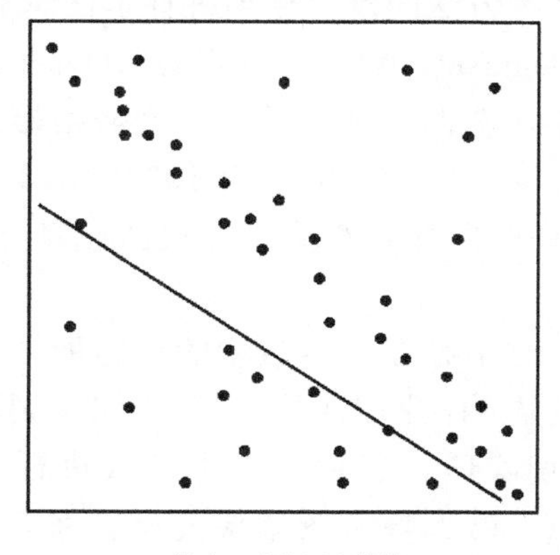

(a) 最小二乘法拟合结果

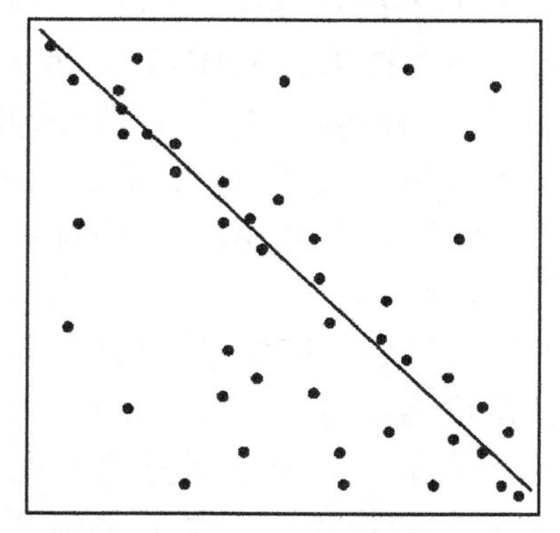

(b) RANSAC方法拟合结果

图 5-6　最小二乘法与 RANSAC 法拟合结果比较

RANSAC 算法假设待处理数据中包含可以被模型描述的正确数据(inliers)与无法被模型描述的异常数据(outliers)。为了得到最终的模型，RANSAC 算法需要通过某种方式将这些异常数据剔除。

通过数据迭代的方式，RANSAC 可以从一组包含异常数据的数据集中估计出包含正确数据的模型参数，通过 RANSAC 进行误差剔除的基本流程如下：

(1) 在要进行模型参数估计的数据集中，随机抽选出一定数量的点作为数据集，且点数大于或等于完成此模型参数估计所需要的最小数量。

(2) 使用选取的数据集，计算出图像间变换模型的参数。

(3) 在上一步得到的变换模型参数下，将数据集中其余的数据代入变换模型，统计经变换后同名点对间距离小于某一阈值的点数。

(4) 比较当前迭代计算出的模型参数与此前最好的模型参数两者所能包含的有效点数量，选择其中有效点数较多的模型参数；若为首次迭代，则直接记录当前模型。

重复上述的步骤(1)～步骤(4)，直到达到规定的迭代次数，或者迭代得到的模型有效点数目大于某一阈值。

由于抽选同名点对的过程是随机进行的，RANSAC 算法具有不确定性，即其正确结果的产生具有一定的概率性，而且产生正确结果的概率随着迭代次数的增大不断增长，所以为了提高该算法获得结果的概率，需提高其迭代次数。

5.3.3 对比实验

前两节介绍了最小二乘法与 RANSAC 方法的基本知识与使用两种方法进行误匹配剔除的基本流程。这里对两幅图像进行了特征匹配，并分别采用最小二乘法与 RANSAC 方法对匹配点进行了剔除，对两种方法的剔除结果进行了比对与分析。

本实验所用图像来自 WHU Building Dataset，WHU Building Dataset 是一组多时相航拍照片，由两幅 2012 年和 2016 年在新西兰基督城同一区域拍摄的无人机图像组成。本实验于数据集中选取了两幅同一区域，大小为 1024×1024 像素的图像，如图 5-7 所示。采用 SIFT 算法对其进行匹配，得到未经误匹配剔除的结果，如图 5-8 所示。

可以看到，未经误匹配剔除的匹配点对中存在一定数量的误匹配情况。为避免这些误匹配同名点对几何校正准确性的影响，则需要进行误匹配点剔除。

本实验采取最小二乘法进行误匹配剔除时，采用二次多项式进行，即根据式 (5-29) 建立从待校正图像像元坐标系 $(\dot{x}, \dot{y})$ 到参考图像像元坐标系 (x', y') 的映射关系，并以特征匹配过程中得到的同名点对经过最小二乘法求得参数 $a_i (i=1, 2,\cdots,5)$ 与参数 $b_i (i=1,2,\cdots,5)$。

$$\begin{cases} x' = a_0 + a_1 x + a_2 y + a_3 x^2 + a_4 y^2 + a_5 xy \\ y' = b_0 + b_1 x + b_2 y + b_3 x^2 + b_4 y^2 + b_5 xy \end{cases} \tag{5-29}$$

图 5-7　待匹配图像对

图 5-8　未经误匹配剔除的匹配结果

取残差阈值为 3 个像素对匹配点进行误差剔除，最终可以得到 71 对同名点对，经测试证明均为正确匹配点。其匹配结果如图 5-9～图 5-11 所示。

图 5-9　最小二乘法剔除的同名点对

图 5-10 最小二乘法剔除后保留的同名点对

图 5-11 最小二乘法剔除结果总览

使用 RANSAC 法进行误匹配剔除时，同样需要设置一定的阈值，本实验设置总迭代次数为 100 次，定义距离相差 3 个像素以内的匹配点对为内点，内点总数超过 95%结束迭代。最终得到 112 对同名点对，经测试证明均为正确匹配点。其匹配结果如图 5-12～图 5-14 所示。

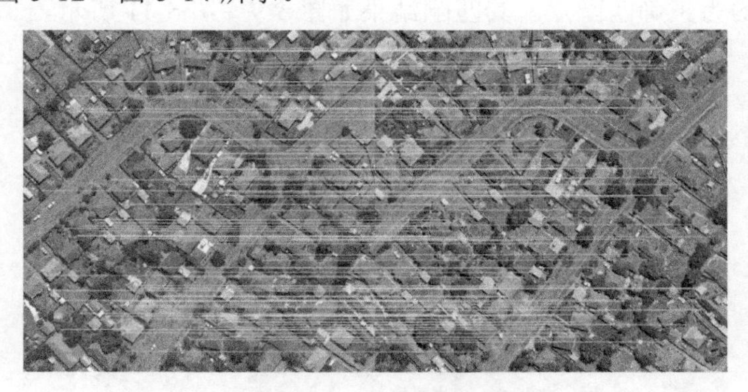

图 5-12 RANSAC 法剔除后的同名点对

图 5-13　RANSAC 法剔除的同名点对

图 5-14　RANSAC 法剔除结果总览

实验证明，使用最小二乘法与 RANSAC 法均能对匹配结果中的误匹配情况进行有效剔除，最终得到正确的同名点对。但其误差剔除效果受变换模型参数设置影响，为提高误差剔除精度的同时保留正确同名点对，需要对参数的设置进行调整与测试。

5.4　本 章 小 结

图像配准是根据图像匹配得到的同名点对，经误匹配剔除后，选择合适的几何变换模型，求解参考图像和待校正图像间最优几何变换参数的过程。本章首先介绍了全局模型和局部模型等几何变换模型，分析推导了相关模型的数学表达式、矩阵表示形式，随后介绍了几种几何校正的插值方法。为保证经过图像匹配得到的同名点对的准确性，本章介绍了两种最常用的误匹配剔除模型：最小二乘法和 RANSAC 方法，并对比了这两种模型的误匹配剔除效果。总而言之，每一种几何变换模型都有其各自适用的场合，任何一种图像配准的方法都是围绕着某种适用的几何变换模型展开的。因此在进行图像配准前，首先应该确定配准图像之间存在什么样的几何变换关系。在实际处理的过程中，需要结合具体情况，选用合适的几何变换模型、插值方法与误差剔除方法进行处理。

第 6 章　基于局部相位一致性特征的多模态图像匹配

最近基于局部特征的匹配方法得到了快速的发展，其中最为著名的局部特征是 SIFT 算子。因其具有尺度和旋转不变性，已经广泛地应用于遥感图像的匹配和配准中。然而，SIFT 描述符是基于图像局部邻域的梯度分布，当图像间灰度差异较大时，梯度信息不能提供稳定的特征[111]，所以 SIFT 描述符难以适用于灰度差异较大的多模态图像。在 SIFT 描述符基础上，学者们提出了 SURF、ORB 等描述符，它们在计算效率方面得到了较大的提升，但是这些描述对于图像间的灰度差异依然很敏感。考虑到多模态遥感图像间不仅具有几何形变，而且还存在较大的灰度差异，本章将具有光照和对比度不变性的相位一致性引入图像配准中，首先构建基于相位一致性的尺度不变性特征点检测算子，在图像间提取出高重复率的特征点，然后利用相位一致性构建局部特征描述符进行特征点匹配，实现多模态遥感图像的精确配准。

6.1　基于相位一致性的尺度不变性特征点检测

本节介绍一种基于相位一致性的尺度不变性特征点检测算法——MMPC-Lap。MMPC-Lap 首先利用相位一致性最小矩(the minimun moment of phase congruency，MMPC)，然后再利用 LoG 算子进行尺度定位，使特征点具有尺度适应性。

在构建 MMPC-Lap 算子的过程中，考虑到相位一致性最小矩(式(6-1))能够度量图像的角点信息，因此这里利用相位一致性最小矩在多尺度图像空间中进行检测特征点检测。

$$m=\frac{1}{2}\sum_{\theta}[(\mathrm{PC}(\theta)\sin(\theta))^2+(\mathrm{PC}(\theta)\cos(\theta))^2] \\ -\sqrt{4\left(\sum_{\theta}(\mathrm{PC}(\theta)\sin(\theta))(\mathrm{PC}(\theta)\cos(\theta))\right)^2+\left(\sum_{\theta}(\mathrm{PC}(\theta)\cos(\theta))^2-(\mathrm{PC}(\theta)\sin(\theta))^2\right)^2} \tag{6-1}$$

式中，$\mathrm{PC}(\theta)$ 表示方向为 θ 的相位一致性特征值，m 代表角点的响应值，通过设定一个阈值可以在相位一致性最小矩特征图上获得角点。

为了说明基于相位一致性最小矩角点检测算法的优点，这里将相位一致性最小矩和经典的 Harris 算子进行比较。给定一幅灰度非均匀变化的图像，分别利用相位一致性最小矩和 Harris 算子进行特征点检测。可以看出，相位一致性最小矩检测的特征点比 Harris 特征点分布更加均匀，这说明了相位一致性最小矩能更好地适用于灰度变化，对于具有灰度差异的多模态遥感图像更有优势，如图 6-1 所示。

(a) 非均匀灰度变化的图像

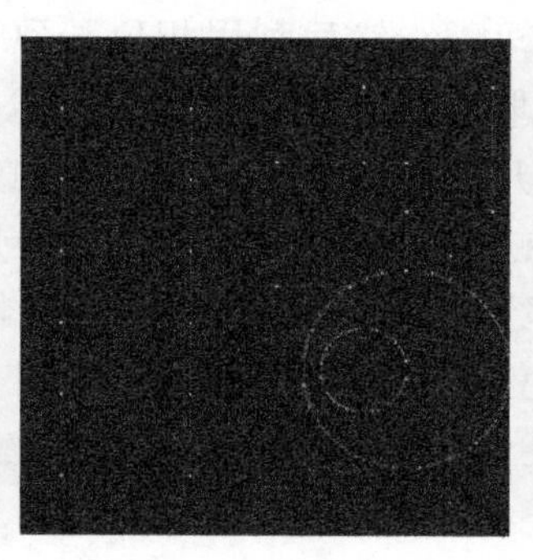

(b) 相位一致性最小矩强度图

(c) Harris 强度图

(d) 相位一致性最小矩特征点

(e) Harris 特征点

图 6-1　相位一致性最小距和 Harris 算子特征点检测效果对比

6.1.1　尺度定位

首先利用一系列尺度可变的高斯函数 $G(x,y,\sigma)$ 对图像 $I(x,y)$ 进行卷积，如下

$$L(x,y,\sigma)=G(x,y,\sigma)*I(x,y) \tag{6-2}$$

式中，σ 代表图像尺度，$*$ 表示卷积运算。在尺度空间中可以确定一个特征点的“特征尺度”。特征尺度对应于图像的局部结构，并独立于图像的分辨率，对于图像间的一对同名点，它们特征尺度之间比率和图像间分辨率的比率几乎相等，这一属性可以用来提取具有尺度不变性的特征点(详细的原理介绍见 3.1.2 节)。通过 LoG 算子在尺度空间进行极值定位可以获得特征点的特征尺度。

6.1.2　MMPC-Lap 算子构建

相位一致性最小矩算子可以有效适应于图像的灰度变化，而 LoG 算子可以进行特征尺度定位。这里通过整合这两种算法构建 MMPC-Lap 算子。

首先，利用具有连续尺度参数 $\sigma_n = \varepsilon^n \sigma_0$ 的高斯函数构建图像尺度空间，这里的 ε 表示相邻尺度层的尺度间隔。然后利用相位一致性最小矩在每一层进行特征点检测，并设立一个阈值提取特征点。接着，利用迭代的方式精确求解特征点的位置和尺度。在此过程中，尺度空间中的 LoG 最大值被用来定位特征点的尺度，如果特征点的 LoG 值没有在尺度空间中获得极值，或者它们的 LoG 响应小于一个阈值，这些特征点将被删除。对于一个尺度为 σ_t 的特征点 p，迭代的步骤如下：

(1) 找到特征点 p^k 在尺度方向上 LoG 响应的局部最大值，若不存在局部最大值，则删除该特征点。在此过程中，尺度的搜索范围为 $\sigma_t^{k+1} = s\sigma_t^k$，其中 $s \in [0.7,\cdots,1.4]$。

(2) 对于选择的尺度 σ_t^{k+1}，利用相位一致性最小矩在 p^k 的附近检测特征点 p^{k+1}。

(3) 重复以上两个过程直到 $\sigma_t^{k+1} = \sigma_t$ 和 $p^{k+1} = p^k$。

在以上过程中，首先利用 MMPC 在一个尺度间隔较大（$\varepsilon = 1.4$）的尺度空间检测初始的特征点。对于这个初始的特征点，确定一个尺度搜索范围 $s\sigma_t$（$s \in [0.7,\cdots,1.4]$），利用 MMPC-Lap 算子提取初始特征点的计算复杂度为 $O(n)$，其中 n 是像素的个数。尺度自动定位的复杂度为 $O(m \cdot u \cdot p)$，其中，p 是初始特征点的个数，m 为尺度定位时搜索尺度的个数，u 为尺度定位过程中迭代的次数。

图 6-2 显示了 MMPC-Lap 在具有连续尺度变化和非均匀灰度差异的图像间检

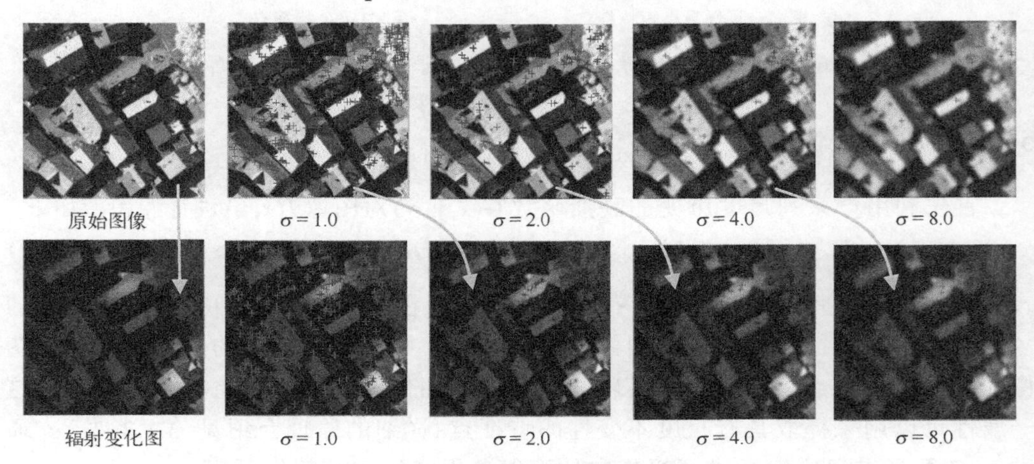

图 6-2　MMPC-Lap 在不同尺度下检测的特征点

测的特征点。可以看出，尽管具有尺度和灰度差异，MMPC-Lap 也在图像间检测出大量的同名特征点。这说明了 MMPC-Lap 能较好地适应尺度和灰度变化。更多的实验分析见 6.4 节。

6.2　基于相位一致性的特征点描述

在利用 MMPC-Lap 进行特征点检测之后，则需要为这些特征点设计相应的特征点描述符。这里所设计的描述符名为 LHOPC(local histogram of phase congruency)，它是根据 DAISY 算子的思想，利用相位一致性特征值和特征方向构建的一种局部特征描述符。由于 LHOPC 较好地整合了相位一致性和 DAISY 算子的优点，它可以较好地抵抗图像间的几何形变和灰度差异。LHOPC 包括了特征点主方向和特征向量两个部分。

6.2.1　特征点主方向

在特征点检测之后，以特征点为中心取一定大小的邻域，计算邻域内的相位一致性特征值和特征方向，形成相位一致性方向直方图。把这个直方图均匀地划分为 36 等份，每一等份为 10°，统计每一等份的相位一致性特征值，并利用高斯权重圆窗口进行距离加权(式(6-3))，使邻域中心附近的像素所占的比重更大。然后选择直方图的峰值方向作为特征点的主方向，若存在另一个相当于主峰值 80%的峰值时，该方向被认为是该点的辅方向。最终利用峰值邻近的 3 个直方图进行二次多项式拟合，内插出精确的主方向。

$$w = \mathrm{e}^{(-(x^2+y^2)/2\sigma^2)/2\pi\sigma^2} \tag{6-3}$$

式中，x、y 表示像素坐标，σ 表示特征点的尺度。

LHOPC 的主方向和 SIFT 的主方向计算过程非常相似，所不同的是 LHOPC 采用的是相位一致性方向直方图，而 SIFT 采用的是梯度方向直方图。为了说明 LHOPC 主方向的优势，这里将 LHOPC 主方向与 SIFT 主方向进行对比。图 6-3 展示了一组具有非均匀光照变化的图像对中同一特征点的 SIFT 主方向和 LHOPC 主方向。箭头表示特征点主方向，方框表示计算主方向的邻域(15×15 像素)，柱状图表示邻域内的梯度和相位一致性方向直方图。可以清晰地看出，对于这两幅图像，SIFT 的主方向分为 192.0°和 149.8°，两者具有明显的差异。相比而言，LHOPC 的主方向几乎相等，分别为 57.3°和 57.4°。这一例子初步验证了当图像间存在较大的光照和对比度差异时，相比于 SIFT，LHOPC 的主方向更加稳定，能够在图像间保持较好的一致性。

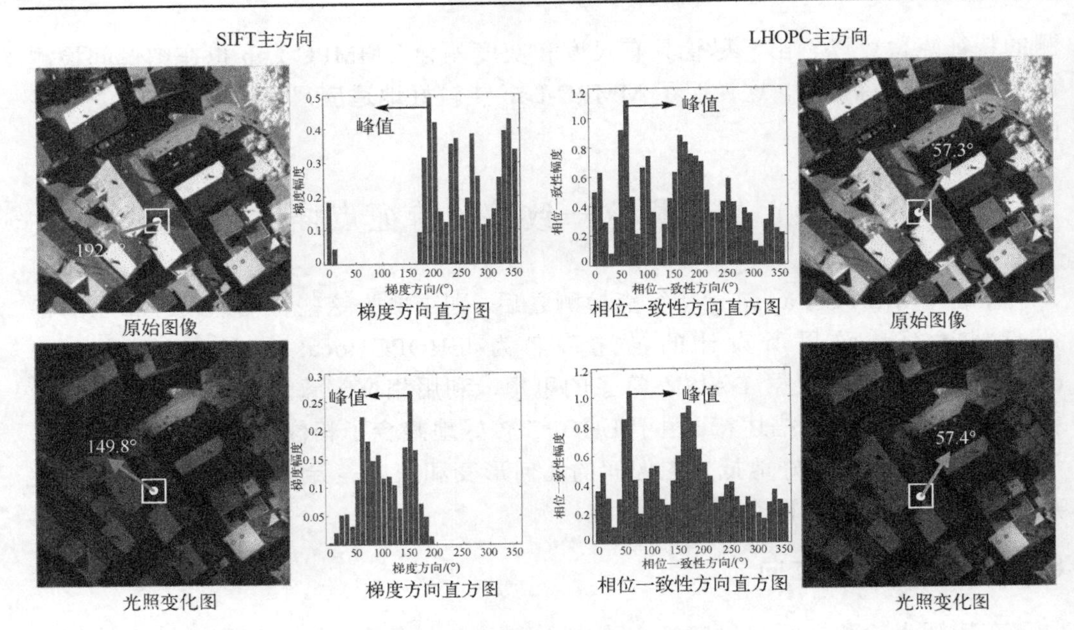

图 6-3　SIFT 主方向和 LHOPC 主方向对比

6.2.2 特征向量

特征点对应的特征向量通常利用其局部邻域内的结构信息进行构建。于是，这里在特征点附近确定一个局部邻域，并以特征点主方向为基准设计相应的邻域空间结构构建特征向量。例如，SIFT 将特征点邻域划分为 4×4 个子区域进行特征描述。与 SIFT 有所不同，LHOPC 采用的是 DAISY 算子的空间结构进行特征描述。这是因为相对于 SIFT、SURF 和 HOG 等算子，DAISY 具有更好的几何和光照不变性[112, 113]。因此，借鉴于 DAISY 算子的空间结构，这里采用相位一致性强度和方向构建 LHOPC 特征向量。图 6-4 显示了 LHOPC 特征向量的空间布置结构。其中，一个局部区域被分割成若干大小不同的中心对称的圆。这些圆位于三层不同半径的同心圆结构上，每一层均匀分布 8 个圆，每个圆的半径与它到局部区域中心的距离成正比。首先计算每个圆的局部相位一致性方向直方图(8 个方向)，并将这些直方图连接起来，形成最终的 LHOPC 特征向量。为了加快计算速度，在每个圆上利用高斯卷积运算来对直方图的权重进行分配。所使用的高斯核的标准差 s_i 与圆的大小成正比，计算公式如下

$$s_i = \frac{R(i+1)}{2Q} \tag{6-4}$$

式中，R表示局部区域的半径，Q表示局部区域的层数，i代表局部区域的第i层。在本书中，R和Q被分别设置为15σ和3，其中σ表示特征点的尺度。

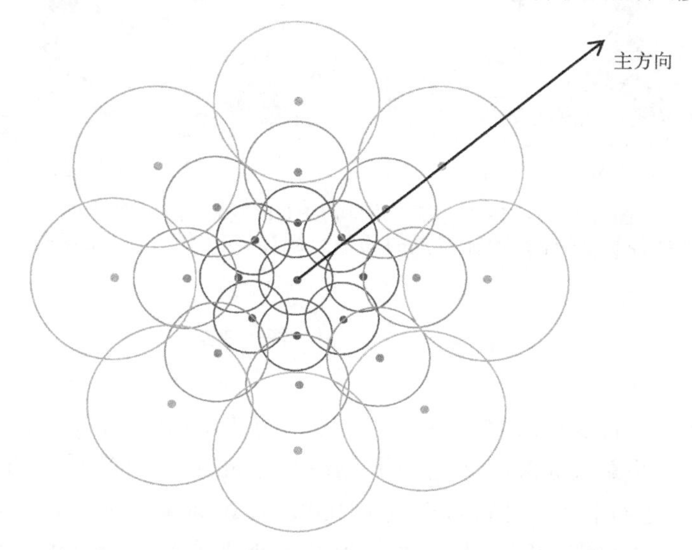

图 6-4　LHOPC 特征向量的空间结构(见彩图)

图6-5显示了具有非均匀灰度变化的两幅图像间一对同名特征点的DAISY和LHOPC 特征向量，它们是利用特征点周围 31×31 像素的局部区域进行计算的。可以看出，LHOPC 特征向量对于灰度差异几乎保持不变，而当辐射变化时，DAISY 特征向量出现了明显的差异。这说明了 LHOPC 比 DAISY 具有更好的抵抗光照和对比度变化的能力。

(a) 原始图像

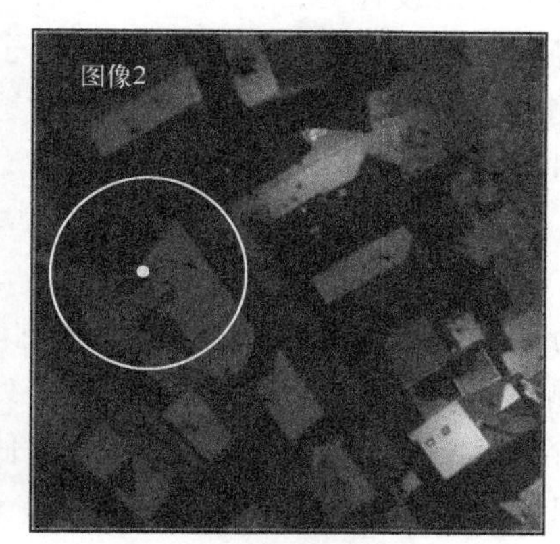

(b) 非均匀灰度变化图像

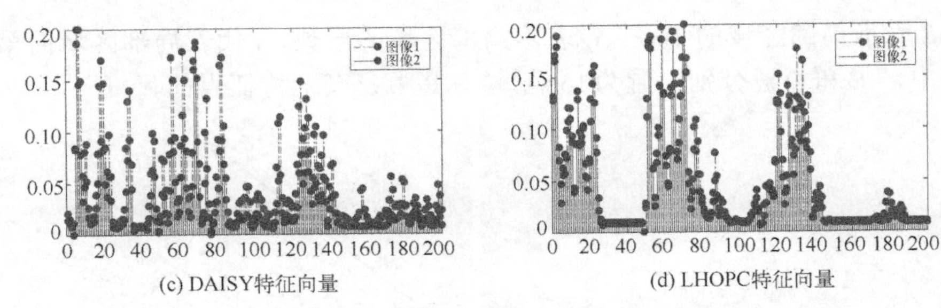

(c) DAISY特征向量　(d) LHOPC特征向量

图 6-5　DAISY 特征向量和 LHOPC 特性向量对比图
(圆圈表示计算特征向量的局部区域(31×31 像素))(见彩图)

6.3　匹 配 策 略

下面在所构建的 MMPC-Lap 和 LHOPC 算子基础上，设计一套自动匹配的策略。首先在参考图像和输入图像上利用 MMPC-Lap 算子进行特征点检测，然后采用 LHOPC 算法进行特征点描述，根据 LHOPC 描述向量之间欧氏距离的最近邻和次近邻距离之比 d_{ratio} 进行同点名识别，当 d_{ratio} 小于或等于给定的阈值(如 0.7)时，该点则被视为匹配点。最后采用 RANSAC 算法进行误匹配剔除，确定最终的同名点对。

6.4　实 验 分 析

本节分别设计对应的实验来评估 MMPC-Lap 和 LHOPC 算子。首先将 MMPC-Lap 算子与当前主流的特征点检测算子进行对比，然后再对 LHOPC 的匹配性能进行测试。考虑到遥感图像的特点，这里从光谱、时相和尺度三个方面对它们的性能进行评估。

6.4.1　特征点检测性能评估

为了评估 MMPC-Lap 算子，将它与 DoG、Harris-Lap、MSER 三个经典特征点检测算子进行比较。这里选择一系列覆盖不同场景的遥感图像进行实验。下面详细介绍这些实验数据以及相应的评估标准。

(1) 实验数据。

图 6-6 显示了一部分的实验图像。这些图像被分为三类：光谱变化数据集、时相变化数据集和尺度变化数据集。对于每一种类别，这里收集了两组覆盖不同场景且具有不同分辨率的序列图像，每一组包括 7 幅图像。对于尺度变化的数据

集，通过人工的方式对图像进行缩放，使其尺度差异在 1～3.5，并加入一定角度的旋转形成序列图像。另外，本节还分别收集了具有不同光谱变化和不同时相变化的遥感图像形成光谱变化和时相变化的测试数据集。实验数据的具体信息如表 6-1 所示。

(a) 中分城区的光谱变化图像

(b) 中分郊区的光谱变化图像

(c) 高分城区时相变化的图像

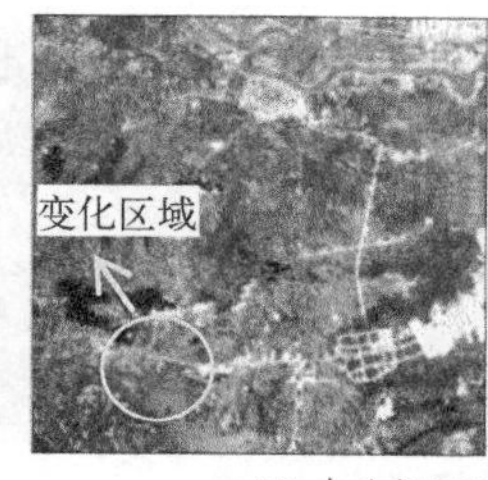

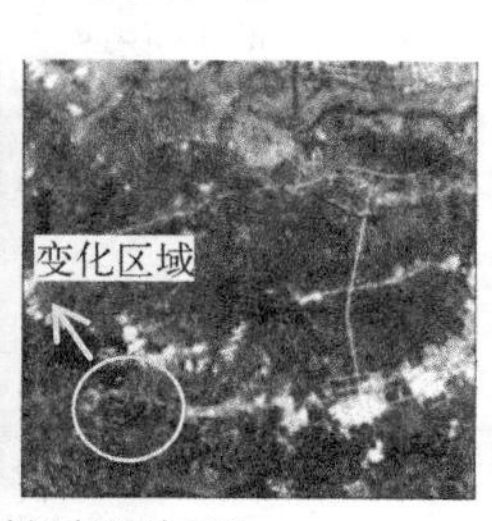

(d) 中分郊区时相变化的图像

(e) 高分城区尺度变化的图像

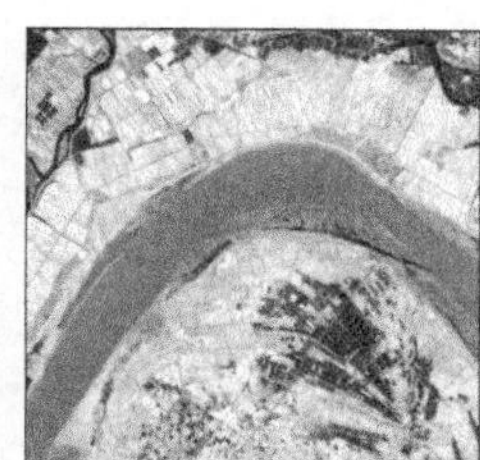
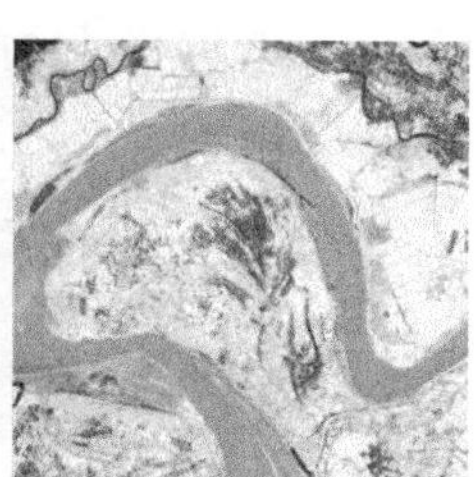

(f) 中分城区尺度变化的图像

图 6-6　部分实验数据(其中左边的图像为参考图像)

表 6-1　实验数据描述

数据类别	编号	传感器	尺寸和分辨率	图像特点
光谱变化	1	ASTER	800×800 像素 15 米	该组数据由 7 幅覆盖城区的图像组成，这些图像来自于 ASTER 传感器的不同波段包括了可见光、近红外和热红外数据(图 6-6(a))
	2	ETM+ 传感器	800×800 像素 30 米	该组数据由 7 幅覆盖郊区的图像组成，这些图像来自 ETM+传感器的不同波段包括了可见光、近红外和热红外数据(图 6-6(b))

续表

数据类别	编号	传感器	尺寸和分辨率	图像特点
时相变化	1	Google Earth	800×800 像素 1 米	该组数据由 7 幅覆盖城区的图像组成，这些图像来自于谷歌地球，具有明显的时相差异(图 6-6(c))
	2	TM	800×800 像素 30 米	该组数据由 7 幅覆盖郊区的图像组成，这些图像来自于 TM 传感器，具有明显的时相差异(图 6-6(d))
尺度变化	1	WorldView 2 全色	800×800 像素 0.5～1.75 米	该组数据由 7 幅覆盖城区的图像组成，这些图像来自于 Worldview 2 传感器，具有分辨率差异和旋转变化(图 6-6(e))
	2	ETM+全色	800×800 像素 15～52.5 米	该组数据由 7 幅覆盖郊区的图像组成，这些图像来自于 ETM+传感器，具有分辨率差异和旋转变化(图 6-6(f))

(2) 评估标准。

在特征点检测中，特征点重复率是非常重要的指标[48, 89]，重复率越高，特征点被正确匹配的可能性就越大。因此这里采用特征点重复率作为评估标准，其计算公式如下

$$\text{Repeatability} = \frac{\text{Correspondences}}{(n_1 + n_2)/2} \tag{6-5}$$

式中，Repeatability 为重复率，Correspondences 为图像间同名点的数量，n_1、n_2 分别表示参考图像上的特征点数量和输入图像的特征点数量，它们必须位于图像间的共同区域内。

同名点判断条件包括位置(像点坐标)和尺度两个方面。

①位置。

定位误差通过下面的公式进行计算。

$$\|T \cdot x_1 - x_2\| \leqslant \text{Thre} \tag{6-6}$$

式中，x_1 为参考图像的特征点，x_2 为输入图像的特征点，Thre 为误差阈值，T 为图像间的几何变换，这里采用的是投影变换(式(6-7))，通过人工获取的控制点来估计投影变换的参数。如果特征点间的误差小于给定的阈值 Thre，则认为它们是候选的同名点，这里将 Thre 设为 3。

$$\begin{aligned} x_1 &= \frac{a_0 + a_1 x_2 + a_2 y_2}{1 + a_3 x_2 + a_4 y_2} \\ y_1 &= \frac{a_5 + a_6 x_2 + a_7 y_2}{1 + a_3 x_2 + a_4 y_2} \end{aligned} \tag{6-7}$$

式中，(x_1, y_1) 和 (x_2, y_2) 分别为参考图像和输入图像上对应同名点的坐标。

②尺度。

由于特征点具有尺度属性，所以特征点的尺度差异须满足一定条件才能被认为是同名点，尺度差异的计算公式如下

$$\varepsilon_s = \left|1 - s^2 \frac{\min(\sigma_1^2, \sigma_2^2)}{\max(\sigma_1^2, \sigma_2^2)}\right| \tag{6-8}$$

式中，σ_1 为参考图像特征点的尺度，σ_2 为输入图像特征点的尺度，s 为两幅图像尺度的比例（s>1），ε_s 表示特征点间尺度差异，同名点的尺度差异须满足 ε_s<0.4。同时满足以上两个标准的特征点被视为同名点。

(3) 实验分析。

①光谱变化：图 6-7(a) 和 6-7(b) 分别显示了四种算子在光谱变化情况下对于城区和郊区图像的特征检测重复率(repeatability)。光谱范围在 0.52～2.43μm，包括了可见光、近红外和热红外波段。可以看出，当光谱范围属于同一种类型时，所有检测算子都获得了最佳检测性能。以可见光波段为例(0.52～0.69μm)，特征点检测重复率达到了 50%以上，最高的超过了 90%。尽管如此，对于不同的光谱类型如可见光和红外，其重复率则较低，通常在 10%～40%。这些结果说明了特征点检测的重复率受光谱变化影响较大，这是因为光谱变化造成图像间显著的灰度差异。总体上，MMPC-Lap 获得了最好的检测性能，紧随其后的是 Har-Lap 和 DoG。这是因为 MMPC-Lap 是基于相位一致性构建的检测算子，对于图像间的光谱变化具有较好的适应性。相比而言，由于 MSER 依赖于图像间对应的局部极值区域，容易受到光谱或灰度变化的影响，所以 MSER 获得了最低的特征检测重复率。

②时相变化：图 6-7(c) 和图 6-7(d) 分别显示了这些算子在时相变化情况下对于城区和郊区图像的特征检测重复率。总体上，它们的检测重复率在 45%～10%，受时相差异影响较大，并随着时相差异的增大，其重复率逐渐降低。由于覆盖场景的差异，这些算子的性能呈现出不同下降趋势。城市区域的图像相较于郊区图像的检测重复率下降更快。这可能是因为城市区域受人类活动影响较大，使得该区域的地表覆盖变化随时相变化更为剧烈。另外，通过对比这些算子的性能，可以看出 MMPC-Lap 算子获得了最高的重复率，紧随其后的是 Har-Lap 和 DoG。这是因为时相变化(如季节变化和气候变化)导致传感器是在不同的光照条件下获取图像，体现到图像上就是灰度变化，这与光谱差异的情况类似。因此，这里提出的基于相位一致性的检测算子(即 MMPC-Lap)获得了最好的检测性能。在所有的检测算子中，MSER 的表现最差，这是因为它检测的是图像间稳定的极值区域，而时相的变化使得这样的极值区域急剧下降。

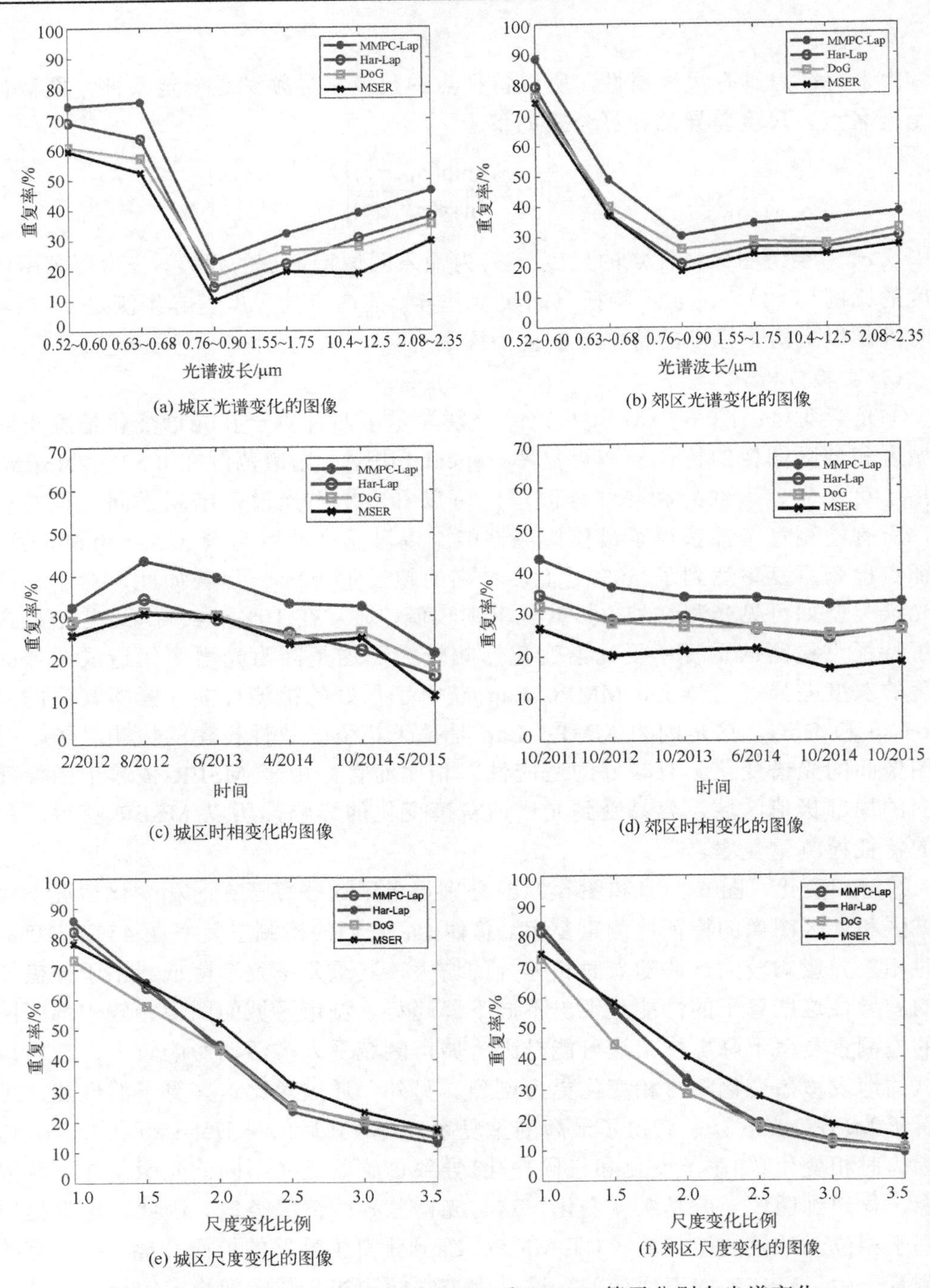

图 6-7　MMPC-Lap、Har-Lap、DoG 和 MSER 算子分别在光谱变化、时相变化、尺度变化情况下的检测性能

③尺度变化：图 6-7(e)和图 6-7(f)显示了尺度变化下这些算子的检测性能。可以发现，所有算子的检测性能都随尺度差异的变大而降低。总体上，MSER 获得了最高的检测重复率，其次是 MMPC-Lap，Lar-Lap 和 DoG 次之。另外，由于 MMPC-Lap 和 Har-Lap 都是利用 LoG 算子进行特征点尺度定位，所以它们在图像尺度变化的情况下检测性能相当。

6.4.2 特征点描述符性能评估

本节将 LHOPC 与 DAISY、SIFT 和 SURF 三种经典的特征点描述符进行比较，并分析 LHOPC 的匹配性能。首先利用 MMPC-Lap 进行特征点检测，并计算每个特征点的描述符。然后利用 6.3 节描述的方法进行特征匹配。

(1)实验数据。

这里同样分别使用具有光谱差异、时相差异和尺度差异的遥感图像进行性能评估。这些数据被分为高分辨率城区图像和中分辨率郊区图像。其中，大部分的实验数据来自上一节特征点检测性能评估所使用的测试图像(图 6-6)。考虑到图 6-6(a)是中分辨率图像，这里利用一对具有光谱差异的高分辨率图像进行代替，如图 6-8 所示。另外，本节还增加了两组同时具有光谱、时相和尺度差异的遥感图像进行实验，如图 6-9 所示。表 6-2 列举了所有实验数据的细节信息。

(a) Quickbird 波段 1(可见光)

(b) Quickbird 波段 4(近红外)

图 6-8 具有光谱差异的城区高分图像

表 6-2 特征点描述符性能评估的实验数据信息

类别	编号	传感器	尺寸和分辨率	时间	图像特点
光谱变化	1	Quickbird 波段 1 (可见光) Quickbird 波段 4 (近红外)	512×512 像素 2.4 米 512×512 像素 2.4 米	2002/04 2002/04	城区高分图像，灰度差异显著(图 6-6(a))

续表

类别	编号	传感器	尺寸和分辨率	时间	图像特点
光谱变化	2	ETM+ 波段 1(可见光) ETM+ 波段 5(近红外)	800×800 像素 30 米 800×800 像素 30 米	2004/05 2004/05	郊区中分图像，辐射差异显著(图 6-6(b))
时相变化	1	Google Earth Google Earth	800×800 像素 1 米 800×800 像素 1 米	2008/09 2011/01	城区高分图像，28 个月的时相差异(图 6-6(c))
	2	TM band 3 TM band 3	800×800 像素 30 米 800×800 像素 30 米	2004/09 2006/09	郊区高分图像，21 个月的时相差异(图 6-6(d))
尺度变化	1	World View 2 panchromatic World View 2 panchromatic	800×800 像素 0.5 米 800×800 像素 1.25 米(重采样)	2011/10 2011/10	城区高分图像，2.5 倍的分辨率差异(图 6-6(e))
	2	ETM+ panchromatic ETM+ panchromatic	800×800 像素 15 米 800×800 像素 37.5 米(重采样)	2005/09 2005/09	郊区中分图像，2.5 倍的分辨率差异(图 6-6(f))
光谱、时相和尺度变化	1	Quickbird panchromatic(visible) World View band8(infrared)	3031×3031 像素 1 米 1051×1152 像素 2 米	11/2007 10/2011	城区高分图像，辐射差异显著且具有 47 个月的时相差异和 2 倍的分辨率差异(图 6-9(a))
	2	SPOT band 2 (visible) TM band 5 (infrared)	1570×1828 像素 10 米 596×629 像素 30 米	10/2002 06/2001	郊区中分图像，辐射差异显著且具有 16 个月的时相差异和 3 倍的分辨率差异(图 6-9(b))

(a) 高分城区

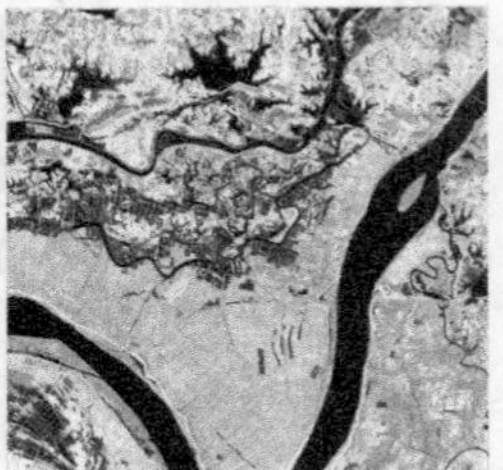

(b) 中分郊区

图 6-9　具有光谱、时相和尺度差异的图像

(2) 评估标准。

使用目前常用的评估局部特征点描述符性能的指标——“recall vs. 1-precision”

曲线[52, 114, 115]，“recall”表示正确匹配点数量与图像间存在的同名点数量的比值，而“1-precision”表示错误匹配点数量与总匹配点数量的比值，它们的计算公式如下

$$\text{recall} = \frac{\text{正确匹配点数量}}{\text{图像间存在的同名点数量}} \tag{6-9}$$

$$1-\text{precision} = \frac{\text{错误匹配点数量}}{\text{总匹配点数量}} = \frac{\text{总匹配点数量}-\text{正确匹配点数量}}{\text{总匹配点数量}} \tag{6-10}$$

在匹配过程中，通过改变 d_{ratio} 阈值的大小可获得不同的 recall 和 1-precision 值，以 recall 为纵轴和 1-precision 为横轴即可绘制“recall vs. 1-precision”曲线。实际过程中，当 d_{ratio} 阈值增大时，recall 值会随之增加。如果某种描述符的“recall vs. 1-precision”曲线位于其他描述符的上方，则说明该描述符的匹配性能更好。

在绘制“recall vs. 1-precision”曲线时需要计算图像间存在的同名点数量、正确匹配点数量和错误匹配点数量。其中，图像间存在的同名点数量可通过 6.4.1 节中计算特征点重复率的方法获得。而正确匹配和错误匹配数量的计算方法如下：匹配完成后，总匹配点数量是已知的，因此只需要统计正确匹配的数量，即可获得错误匹配的数量。正确匹配的判断条件包括位置(定位误差)和尺度两个方面。

(3)实验结果分析。

①光谱变化的情况：下面将评估 LHOPC、DAISY、SIFT 和 SURF 四种描述符对于光谱差异图像的匹配性能。实验数据分别是高分辨率城市地区和中分辨率郊外地区的可见光和红外图像，图像间存在显著的灰度差异(图 6-8)。图 6-10(a)和(b)则显示了匹配结果的(recall vs. 1-precision)曲线。可以清晰地看出，对于高、中分辨率的光谱差异遥感图像，LHOPC 的(recall vs. 1-precision)曲线位于其他描述符的上方，这表明了 LHOPC 的匹配性能要优于其他描述符。究其原因，主要是 LHOPC 是基于相位一致性特征值和特征方向构建的描述符，而相位一致性具有光照和对比度不变性，能够较好地抵抗由多光谱图像间辐射差异所引起的非均一光照和对比度变化。而 DAISY 和 SIFT 是基于梯度信息，它们对于辐射差异较为敏感。相比而言，DAISY 略好于 SIFT，这可能是因为 DAISY 采用了一种更为先进的空间排列结构构建特征描述符。在所对比的描述符中，SURF 的表现最差，说明构建 SURF 描述符的特征信息(即 Haar 小波)难以较好地适应由光谱变化造成的灰度差异。

②时相变化的情况：这里将评估 LHOPC、DAISY、SIFT 和 SURF 这四种描述符对于时相差异图像的匹配性能。在这组实验数据中，高分辨率城市地区图像的时相差异为 28 个月(图 6-6(c))，中分辨率郊外地区图像的时相差异为 21 个月

(图 6-6(d))，图像间的某些地物已经发生了变化。图 6-10(c)和(d)显示了匹配结果的(recall vs. 1-precision)曲线。对于这两对多时相图像，LHOPC 获得了最高的匹配得分，DAISY 次之。这是因为时相变化所造成的图像差异主要是在灰度变化方面，如非均一的光照变化。因此，相比于其他算子，基于相位一致性的描述符(即

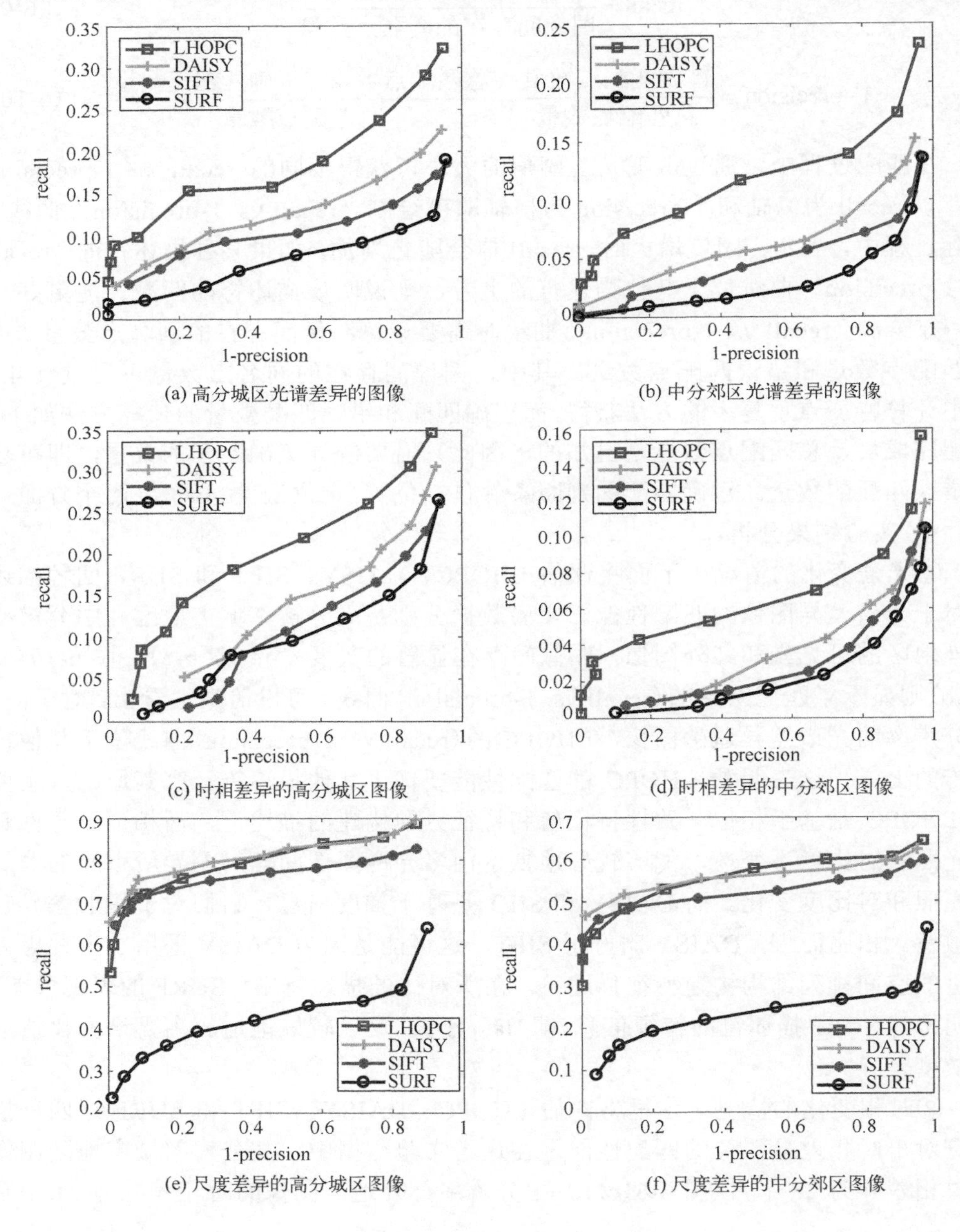

(a) 高分城区光谱差异的图像　　(b) 中分郊区光谱差异的图像

(c) 时相差异的高分城区图像　　(d) 时相差异的中分郊区图像

(e) 尺度差异的高分城区图像　　(f) 尺度差异的中分郊区图像

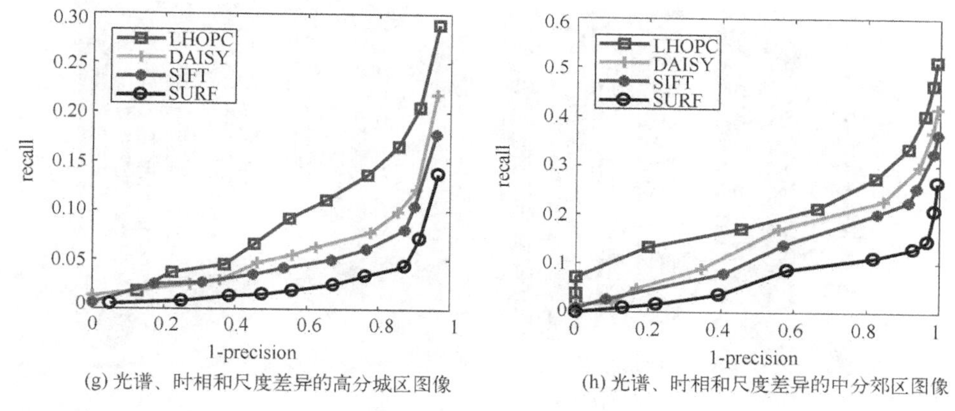

(g) 光谱、时相和尺度差异的高分城区图像　(h) 光谱、时相和尺度差异的中分郊区图像

图 6-10　LHOPC、DAISY、SIFT 和 SURF 的 (recall vs. 1-precision) 曲线

LHOPC) 具有一定的优势。而对于 SIFT 和 SURF，总体上前者的匹配性能略好于后者。尽管如此，由于图像场景的不同，它们的 (recall vs. 1-precision) 曲线呈现出不同的趋势。如图 6-10(c) 所示，当 1-precision 小于 0.4 时，对于城市场景的图像，SIFT 表现出的匹配性能要弱于 SURF。

③尺度变化的情况：下面将评估 LHOPC、DAISY、SIFT 和 SURF 这四种描述符对于尺度差异 (即分辨率差异) 图像的匹配性能。实验图像间的尺度差异为 2.5 倍，并存在一定角度的旋转。图 6-10(e) 和 (f) 显示了匹配结果的 (recall vs. 1-precision) 曲线。可以清晰地看出，对于高分辨城市地区的图像和中分辨率地区的图像，LHOPC 和 DAISY 的匹配得分都好于其他描述符，而且它们的匹配性能几乎一致，这是因为这两种描述符都采用相同的空间布置进行特征描述。LHOPC 是基于相位一致性构建的描述符，其主要优点是抵抗图像间的辐射变化。当图像间只有尺度和旋转变化时，相位一致性信息 (LHOPC) 和梯度信息 (DAISY) 差别不大，它们都是反映图像局部区域内灰度信息的变化量。相比于这两种描述符，SIFT 匹配得分较低，而 SURF 则表现最差。

④光谱、时相和尺度变化的情况：下面将评估 LHOPC、DAISY、SIFT 和 SURF 这四种描述符对于同时具有光谱、时相和尺度差异遥感图像的匹配性能。图 6-10(g) 和 (h) 显示了匹配结果的 (recall vs. 1-precision) 曲线。由于这一组图像同时具有显著的光谱、时相和尺度差异 (表 6-2)，相比于以上三种情况，它们之间匹配要更具挑战性。从图 6-10(g) 和 (h) 可以看出，LHOPC 的匹配性能最好，其次分别是 DAISY、SIFT 和 SURF，这充分验证了 LHOPC 优越的匹配性能。

图 6-11 显示了 LHOPC、DAISY、SIFT 和 SURF 对于所有实验数据获得的同名点。可以清晰地看出，相比于其他方法，LHOPC 获得了更多的正确匹配点，尤其是对于具有光谱和时相差异的图像。

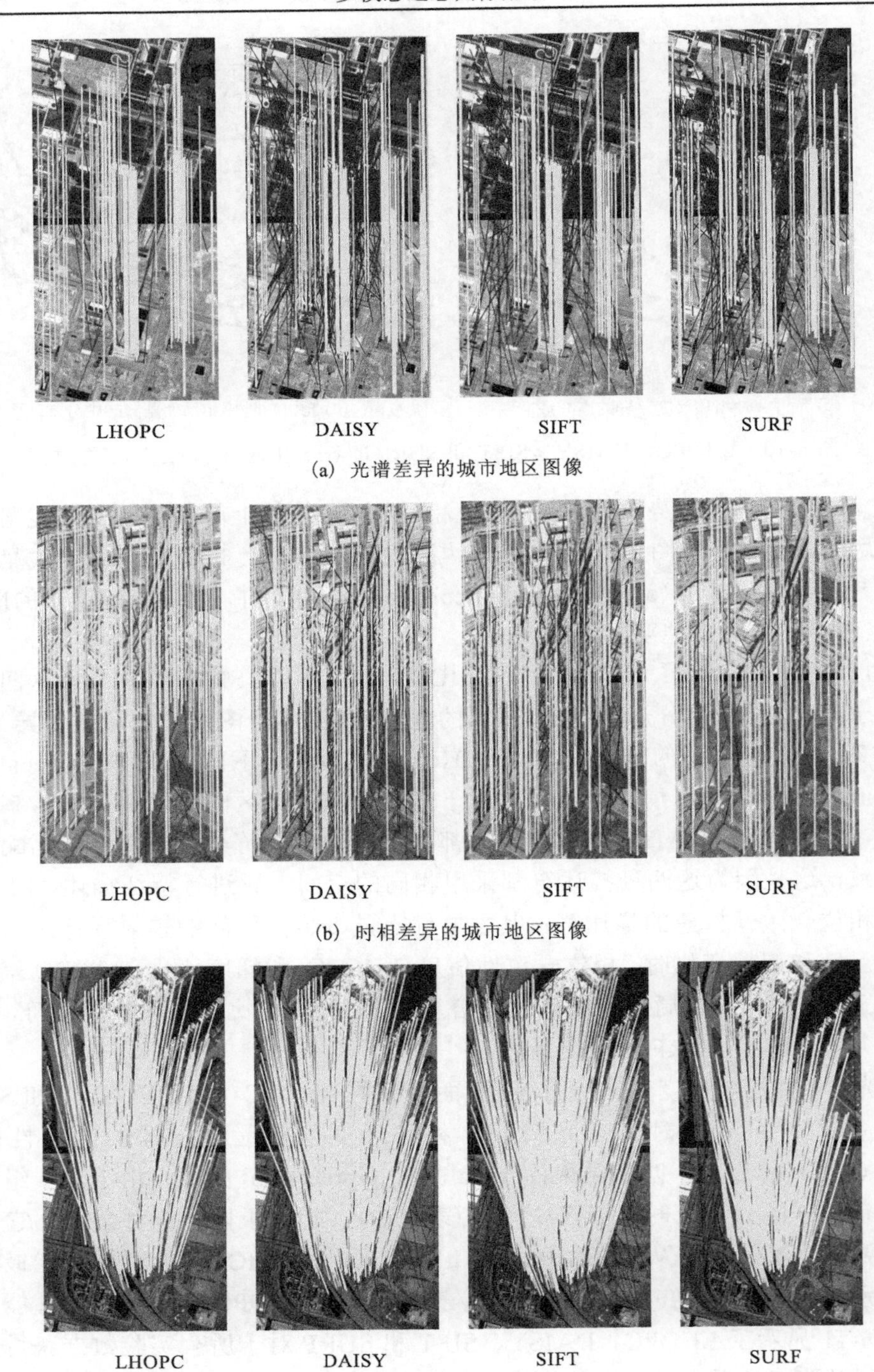

(a) 光谱差异的城市地区图像

(b) 时相差异的城市地区图像

(c) 尺度差异的城市地区图像

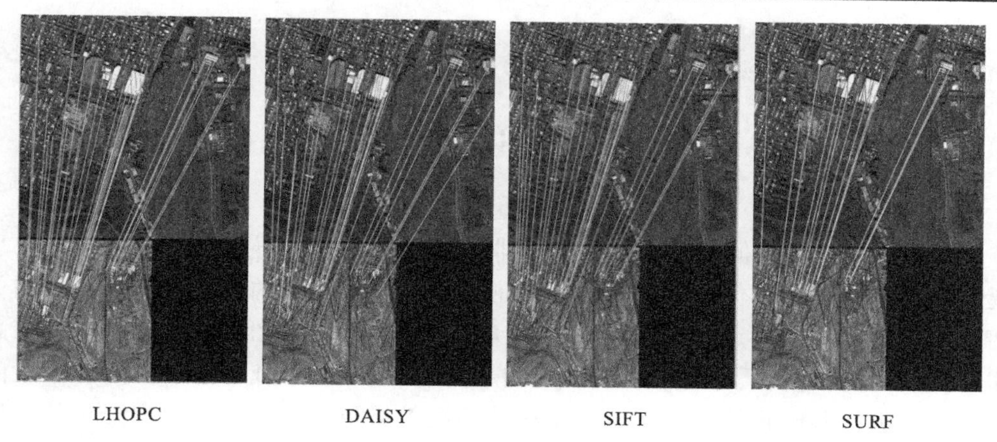

(d) 光谱、时相和尺度差异的城市地区图像

图 6-11　LHOPC，DAISY，SIFT 和 SURF 获得的同名点
(黄线表示正确匹配，蓝线表示错误匹配)(见彩图)

6.5 本 章 小 结

本章介绍了一种基于相位一致性的局部不变性特征，并将其应用于多模态遥感图像匹配。所提出的局部不变性特征包括 MMPC-Lap 特征检测算子和 LHOPC 特征描述符两种算法。MMPC-Lap 利用相位一致性最小矩进行尺度不变性特征点检测，而 LHOPC 借助于 DAISY 的框架，利用相位一致性特征值和特征方向构建了特征点描述符。MMPC-Lap 和 LHOPC 不仅能抵抗图像间旋转和尺度等几何变换，而且对于显著的灰度差异具有较好的适应性。本章采用具有光谱差异、时相差异和尺度差异的遥感图像进行匹配实验，并且与当前主流的特征匹配方法进行性能比较。实验结果表明，在光谱差异和时相差异方面，MMPC-Lap 和 LHOPC 的匹配性能具有明显的优势，在尺度差异方面，MMPC-Lap 和 LHOPC 也取得了与当前主流算法相当的性能。该优点弥补了当前主流局部不变性特征主要针对几何畸变所设计而对于灰度差异较为敏感的缺陷。因此，MMPC-Lap 和 LHOPC 可以较好地适应于多模态遥感图像的匹配。

第 7 章　基于结构相似性的多模态图像匹配

多模态遥感图像间往往存在显著的非线性辐射差异，导致同一场景的图像呈现出完全不同的灰度信息，这使得传统的基于灰度相似性的匹配方法难以在图像间获得高精度的同名点。而相比于图像灰度信息，多模态图像间的结构特征信息却具有较高的相似性。因此首先提取多模态图像的结构特征，然后利用特征之间的相似性进行匹配往往比直接基于灰度的匹配效果更好。本章将研究一种基于结构相似性的多模态图像匹配方法，首先介绍结构特征描述符，然后构建一种快速的匹配相似性测度，最后提出一种逐像素结构表达的多模态匹配框架，可以整合各种局部特征描述符进行匹配。

7.1　结构特征描述

7.1.1　HOG 特征

梯度方向直方图(histogram of oriented gradients，HOG)是一种描述图像局部特征的算法，HOG 特征由 Dalal 在 2005 的 CVPR 上提出，它的主要思想是在一幅图像中，目标对象的形状结构能够很好地被梯度或边缘的方向密度分布描述，即它通过计算和统计图像局部区域的梯度方向直方图来构成局部结构特征[27]。实际上，HOG 特征提取过程是将图像窗口划分为多个很小且规格统一的细胞单元(cell)，多个细胞单元构成一个图像块(block)，然后提取这些细胞单元中每个像素点的梯度方向直方图信息，最后整合这些直方图信息构成 HOG 特征描述符。HOG 特征提取流程如图 7-1 所示。

在介绍 HOG 特征提取的基本原理之前，这里首先对细胞与块进行一个简单的介绍。Dalal 将最小的连通区域称为块(block)，每个块又有多个细胞单元构成。它们之间的结构示意如图 7-2 所示。通常情况下，一个细胞单元包含 8×8 个像素，而一个块由 4 个细胞构成，则一个块的大小为 16×16 像素。在构建 HOG 特征时，均首先以细胞为基本单位，然后再以块为单位进行处理，HOG 特征的提取流程主要包括以下步骤。

(1)颜色空间归一化。

为了减少图像阴影和光照等因素对结果的影响，在提取 HOG 特征前，需要首先对图像进行归一化。即通过调整图像的对比度，降低图像局部阴影、光照变化以及图像噪声等因素的干扰。颜色空间归一化包括以下两个方面：灰度变换和 Gamma 校正。Dalal 等对图像像素的众多表达式做了大量评估，比如灰度空间、RGB 以及 LAB 的颜色空间，结果表明颜色信息对 HOG 特征的提取结果作用不大，因此可以将彩色图像转换为灰度图进行计算。

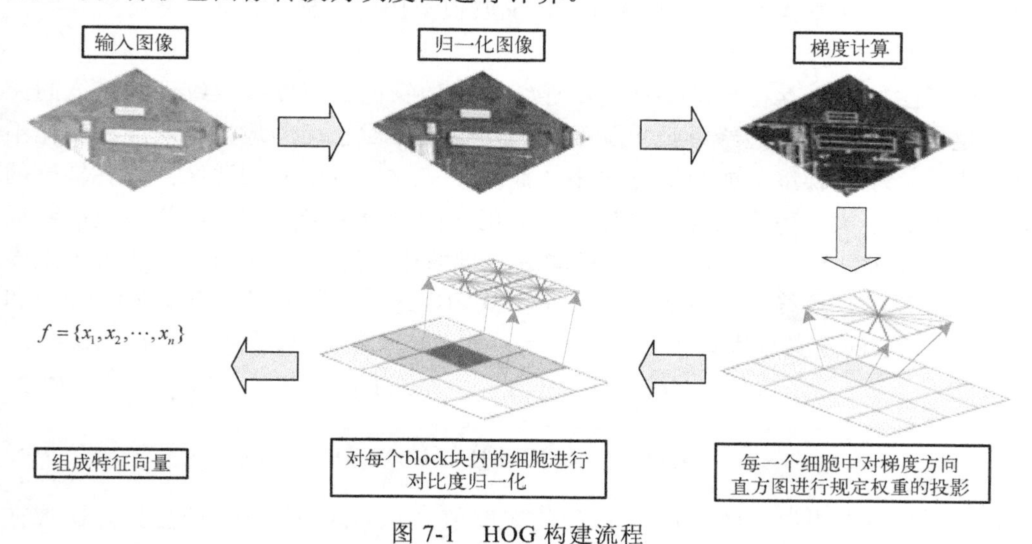

图 7-1　HOG 构建流程

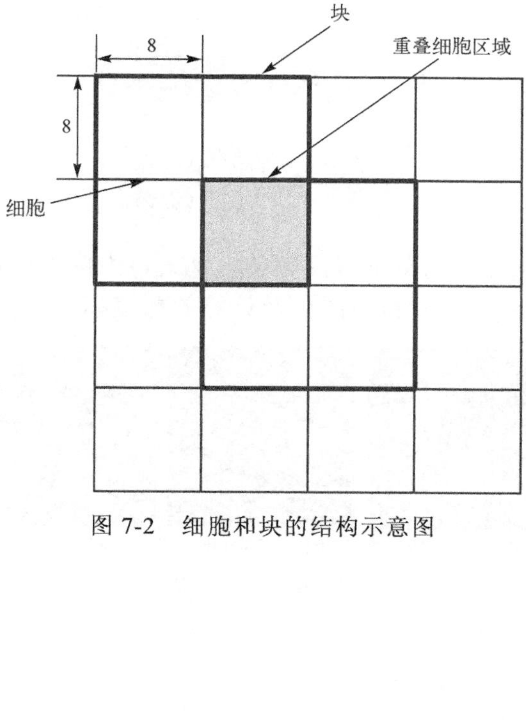

块
重叠细胞区域
8
8
细胞

图 7-2　细胞和块的结构示意图

对图像进行 Gamma 归一化处理可以有效减小窗口局部阴影所带来的影响，增强算法的鲁棒性。Gamma 标准化函数如下

$$G(x,y)=I(x,y)^{\gamma} \tag{7-1}$$

式中，$I(x,y)$表示图像在 Gamma 归一化之前位于像素点(x,y)处的灰度值，$G(x,y)$为归一化之后像素点(x,y)处的灰度值，γ取值一般为 0.5[116]。

(2) 梯度计算。

由于图像都会存在局部特征的不连续，比如颜色、灰度以及纹理等特征的突变，这会使得图片的边缘特征更加明显。图像中相对平坦的地方，灰度值变化不是很大，产生的梯度的幅值会比较小。而灰度变化比较明显的边缘部分其梯度的幅值就会比较大。图像的梯度幅值可以利用一阶微分求导处理，这样不仅能够捕获轮廓、人影以及一些纹理信息，还能进一步弱化光照的影响。Dalal 研究了众多一阶微分算子，最终结果表明$[-1,0,1]$和$[1,0,-1]^{\mathrm{T}}$算子效果最好，梯度在$[-1,0,1]$和$[1,0,-1]^{\mathrm{T}}$算子的定义分别如下

$$G_x(x,y)=I(x+1,y)-I(x-1,y) \tag{7-2}$$

$$G_y(x,y)=I(x,y+1)-I(x,y-1) \tag{7-3}$$

式中，$I(x,y)$为图像在像素点(x,y)处的灰度值，$G_x(x,y)$和$G_y(x,y)$分别是图像在像素点(x,y)处的水平梯度和垂直梯度，进一步，像素点(x,y)处的梯度幅值和梯度方向可以定义为

$$G(x,y)=\sqrt{G_x(x,y)^2+G_y(x,y)^2} \tag{7-4}$$

$$\alpha(x,y)=\tan^{-1}\left(\frac{G_y(x,y)}{G_x(x,y)}\right) \tag{7-5}$$

式中，$G(x,y)$为像素点(x,y)处的梯度幅值，$\alpha(x,y)$为像素点(x,y)处的梯度方向，根据式(7-2)～式(7-5)，模板窗口图像及计算的梯度幅值图像如图 7-3 所示。

模板窗口

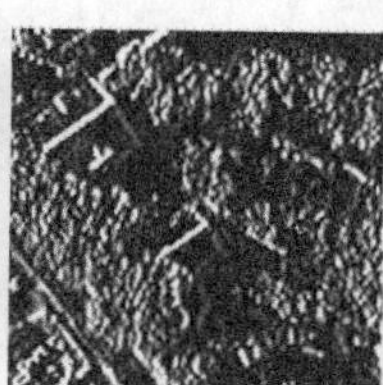

水平方向梯度

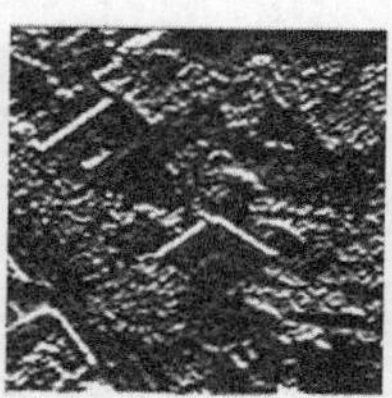

垂直方向梯度

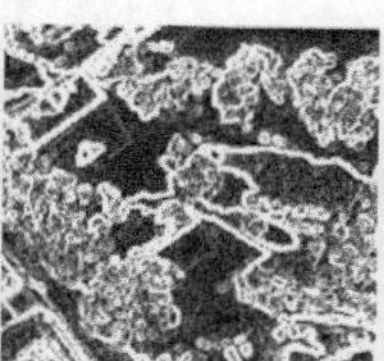

梯度幅值

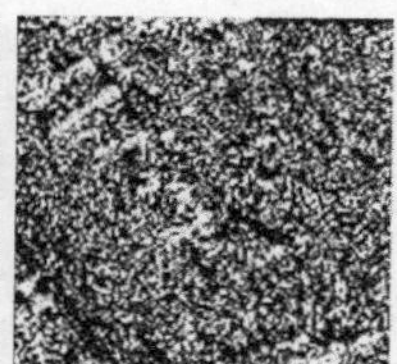

梯度方向

图 7-3　图像的梯度幅值与方向

(3)梯度方向直方图计算。

计算每个细胞单元内对应的梯度方向直方图时，需要采用加权投票的方式，即每个细胞单元中各像素点都要对某个方向的直方图进行投票，每一票都有相应的权值，其权值根据像素点梯度的幅值以及像素点的空间位置计算得来。为了消除图像间灰度反转的情况[60]，首先利用式(7-6)把梯度方向转换到[0°,180°)。

$$\Omega(\theta)=\begin{cases}\theta, & \theta\in[0,180)\\ \theta-180, & \theta\in[180,360)\end{cases} \tag{7-6}$$

式中，θ表示梯度方向，$\Omega(\theta)$表示转换后的梯度方向。Dalal 的结果表明，梯度方向为无符号且通道数为 9 时能得到最好的检测结果，此时，梯度方向的一个方向为$180°/9=20°$，如$0°\sim20°$投影到的是第一个方向，$20°\sim40°$投影到的是第二方向，依次类推。每个细胞通过对各个维度内的梯度幅值进行投影操作形成 9 维的特征向量，如果这个像素的梯度方向是 20～40，直方图第二个方向的计数就加上该像素在该方向上的投影，也就是权值。这样，对细胞内每个像素采用梯度方向在对应的直方图中加权投影，即映射到相对应的角度范围，就可以形成这个细胞的梯度方向直方图(图 7-4)。

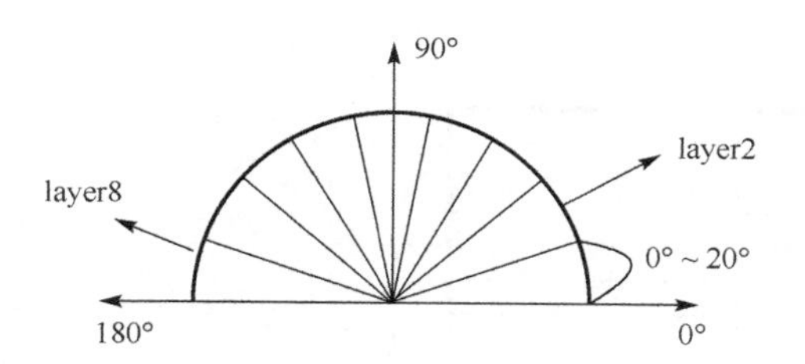

图 7-4　梯度方向划分示意图

由于一个块内包含了 4 个细胞，每个细胞均各自形成 9 维的 HOG 特征向量。所以，一个块内包含了 4×9=36 维的特征向量。上述投票过程包含了权值的计算，通常采用三线性插值的方式进行投票。所谓的三线性插值指的是在(x,y,θ)这三个参数空间中进行插值，其中，x和y分别表示图像的二维方向，θ表示的是梯度的角度空间。如图 7-5 所示，图中的像素点在利用梯度幅值作为权重进行投票时，加权操作要依据该像素点与其他细胞中心的距离来进行，同时该像素点对应的梯度方向也在与其他邻近的各个细胞做插值处理，其计算公式如下

$$
\begin{cases}
h(x_1,y_1,\theta_1) \leftarrow h(x_1,y_1,\theta_1) + \left|\nabla f(x,y)\right|\left(1-\dfrac{x-x_1}{d_x}\right)\left(1-\dfrac{y-y_1}{d_y}\right)\left(1-\dfrac{\theta(x,y)-\theta_1}{d_\theta}\right) \\
h(x_1,y_1,\theta_2) \leftarrow h(x_1,y_1,\theta_2) + \left|\nabla f(x,y)\right|\left(1-\dfrac{x-x_1}{d_x}\right)\left(1-\dfrac{y-y_1}{d_y}\right)\left(\dfrac{\theta(x,y)-\theta_1}{d_\theta}\right) \\
h(x_2,y_1,\theta_1) \leftarrow h(x_2,y_1,\theta_1) + \left|\nabla f(x,y)\right|\left(\dfrac{x-x_1}{d_x}\right)\left(1-\dfrac{y-y_1}{d_y}\right)\left(1-\dfrac{\theta(x,y)-\theta_1}{d_\theta}\right) \\
h(x_2,y_1,\theta_2) \leftarrow h(x_2,y_1,\theta_2) + \left|\nabla f(x,y)\right|\left(\dfrac{x-x_1}{d_x}\right)\left(1-\dfrac{y-y_1}{d_y}\right)\left(\dfrac{\theta(x,y)-\theta_1}{d_\theta}\right) \\
h(x_1,y_2,\theta_1) \leftarrow h(x_1,y_2,\theta_1) + \left|\nabla f(x,y)\right|\left(1-\dfrac{x-x_1}{d_x}\right)\left(\dfrac{y-y_1}{d_y}\right)\left(1-\dfrac{\theta(x,y)-\theta_1}{d_\theta}\right) \\
h(x_1,y_2,\theta_2) \leftarrow h(x_1,y_2,\theta_2) + \left|\nabla f(x,y)\right|\left(1-\dfrac{x-x_1}{d_x}\right)\left(\dfrac{y-y_1}{d_y}\right)\left(\dfrac{\theta(x,y)-\theta_1}{d_\theta}\right) \\
h(x_2,y_2,\theta_1) \leftarrow h(x_2,y_2,\theta_1) + \left|\nabla f(x,y)\right|\left(\dfrac{x-x_1}{d_x}\right)\left(\dfrac{y-y_1}{d_y}\right)\left(1-\dfrac{\theta(x,y)-\theta_1}{d_\theta}\right) \\
h(x_2,y_2,\theta_2) \leftarrow h(x_2,y_2,\theta_2) + \left|\nabla f(x,y)\right|\left(\dfrac{x-x_1}{d_x}\right)\left(\dfrac{y-y_1}{d_y}\right)\left(\dfrac{\theta(x,y)-\theta_1}{d_\theta}\right)
\end{cases} \tag{7-7}
$$

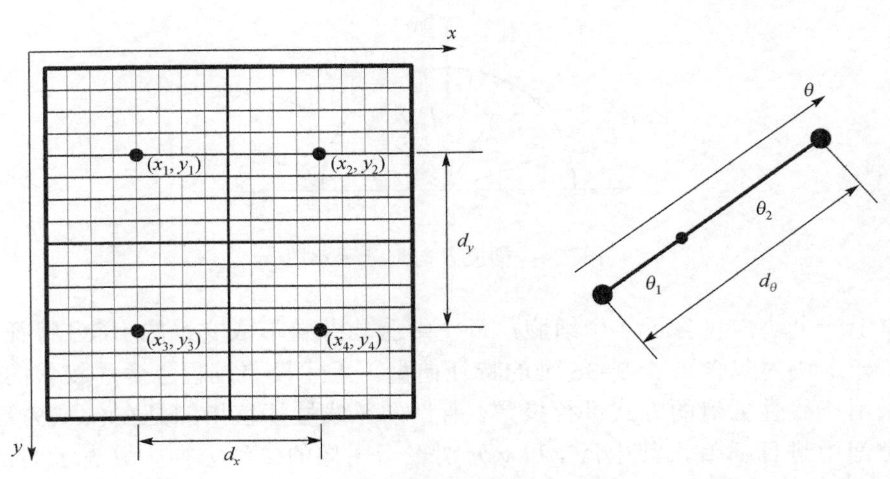

图 7-5　三线性插值示意图

根据式(7-7)，假设图 7-6 中第一个细胞中的黑色像素的梯度方向是85°，梯度幅值是 100。从图中可以看出，该像素点距离图中每个细胞中心左、右、上、下的距离分别为 2、6、2、6。由于梯度方向 85°位于 70°和 90°之间，所以该像素点在第三与第四方向的中心距离分别为 15 和 5。设定投票值为 v，则进行投票的时候投到第三个方向的值为 $0.25v$，投到第三个方向的值为 $0.75v$。接下来，对于在 x 和 y 方向上的插值，根据像素点与每个细胞中心的距离，第一至第四细胞分配的梯度幅值分别为 56.25、18.75、18.75 以及 6.25。最后由梯度方向上的权重投票，可以知道，第一个细胞中梯度方向直方图第三个方向和第四个方向的梯度幅值分别为 14.0625 和 42.1875，依次类推计算，可以计算出该像素分配到每个细胞内梯度方向直方图的梯度幅值。

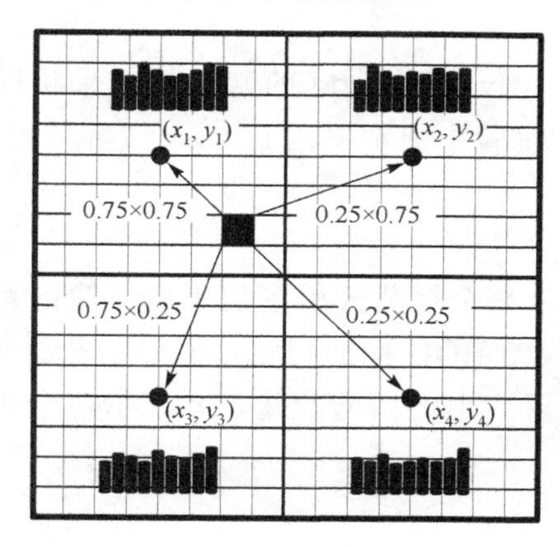

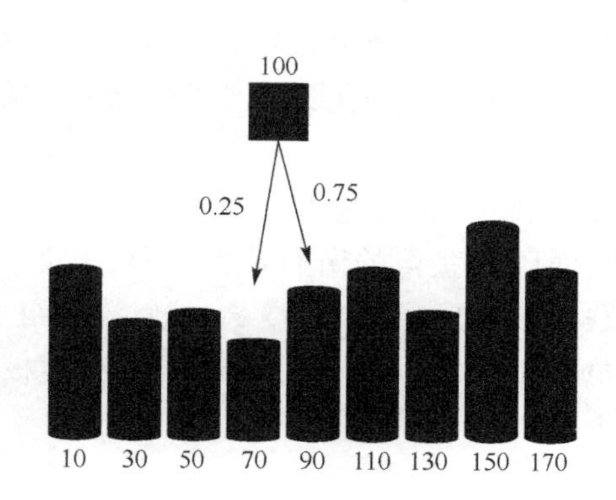

图 7-6　三线性插值示例

(4) 块内归一化直方图。

由于遥感图像中地物类型较为复杂，会不同程度地产生对比度变化以及局部光照的变化，这样梯度变化的范围也会比较大。为了使特征向量空间能够更强地适应光照、阴影以及边缘等变化，需要归一化梯度强度，将阴影、光照以及边缘等进行压缩。从细胞和块的关系图可知(图 7-2)，每个块是由 4 个细胞组成，每个块的特征向量都是由该块内的所有细胞的梯度方向直方图形成的，因此对块的归一化处理可以使得图像的局部变化产生的影响减小。而且由于块与块间存在重叠，部分单元格内梯度信息会被重复计算，并在不同的块内进行归一化，该过程虽然计算量较大，但具有充分利用了相邻像素之间信息的优点。常用的归一化方法有 L2-norm 、 L2-Hys 、 L1-norm 和 L1-sqrt ，其具体公式分别如下：

L2-norm 公式如下

$$v \leftarrow v \Big/ \sqrt{\|v\|_2^2 + \varepsilon^2} \tag{7-8}$$

式中，ε 为一个常数，且其无限趋近于 0，该值的设置是防止分母为 0 的情况发生。

L2-Hys 公式如下

$$v \leftarrow v / \sqrt{\|v\|_2^2 + \varepsilon^2} \tag{7-9}$$

此方法是将 v 的最大值限制为 0.2，接着再次归一化。

L1-norm 和 L1-sqrt 的公式分别如下

$$v \leftarrow v / (\|v\|_1 + \varepsilon) \tag{7-10}$$

$$v \leftarrow \sqrt{v(\|v\|_1 + \varepsilon)} \tag{7-11}$$

式中，ε 的含义同式(7-8)中相同。

Dalal 的实验结果表明，L2-norm、L2-Hys 和 L1-sqrt 的归一化结果相近，而 L1-norm 会使得归一化结果下降。因此，在实验中通常采用 L2-norm 进行归一化操作。

(5)生成特征向量。

根据已经获得的所有块的特征向量，将整个检测模板窗口中所有块的特征向量串联起来，形成一个 $\beta\times\xi\times\eta$ 个数据组成的 HOG 特征向量，其中，β 表示每个细胞单元中的方向数量，ξ 表示检测模板窗口中的块的数量，η 表示每个块中细胞的个数。

7.1.2 HOPC

相位一致性方向直方图(histogram of orientated phase congruency，HOPC)的思想与 HOG 相似，由 Ye 等提出[117]。HOG 利用图像的梯度信息构建特征描述符，而相较于梯度信息，相位一致性具有更好的抵抗光照和对比度变化的能力。HOPC 的构建过程如图 7-7 所示，以下将对 HOPC 的构建过程进行详细描述。

从图 7-7 可以看出，HOPC 的构建思想与 HOG 相似，即在构建 HOPC 的过程中，首先把模板窗口划分为若干个互相重叠的块，并计算模板窗口内每个像素的相位一致性特征值和特征方向，然后在每个块内，将每个细胞划分成 k 个方向维度，以像素点的相位一致性方向进行方向直方图统计，并以像素点的相位一致性特征值进行权重分配，构成描述细胞的 k 维向量，最后将每个细胞的 k 维向量组合起来，形成描述块的特征向量。在利用特征方向进行方向直方图统计时，为了消除图像灰度反向造成的影响，利用式(7-6)把相位一致性特征方向转换到 [0°,180°)。在本书中，HOPC 特征描述符每个块由 2×2 个细胞组成，每个细胞包含 4×4 个像素，并且每个细胞被划分为 9 个方向维度，计算过程同样采用上一小节中三线性插值的方式，其计算过程如图 7-8 所示。

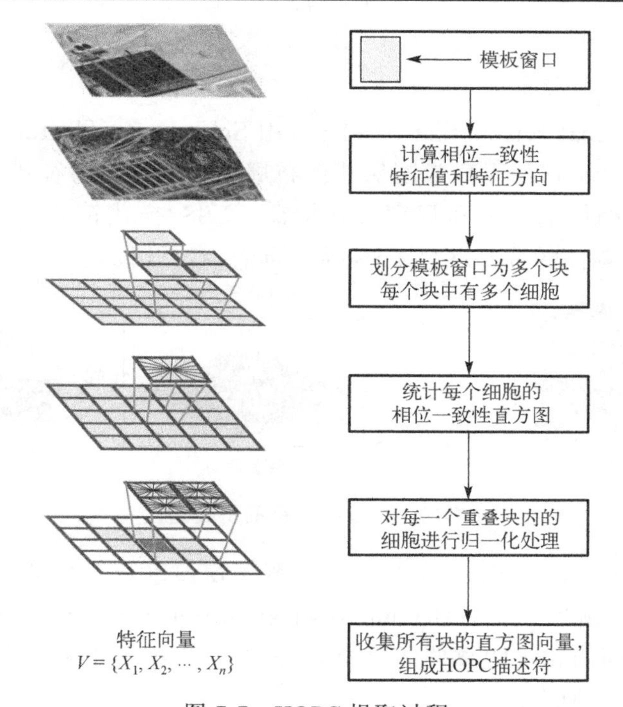

图 7-7　HOPC 提取过程

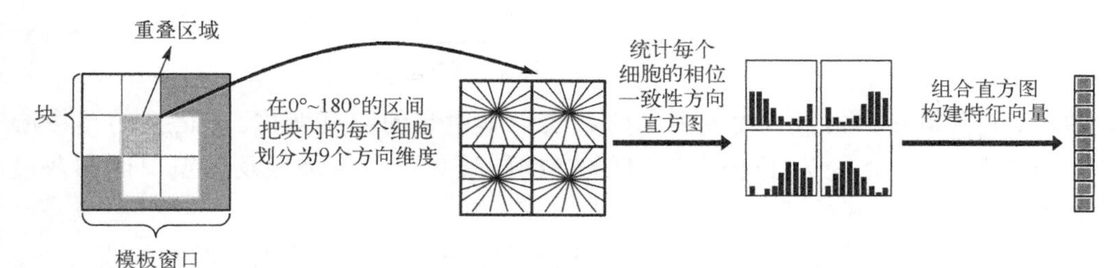

图 7-8　HOPC 描述符每个块特征向量的计算过程

此外，为了进一步消除光照和对比度所造成的影响，在构建每个块的特征向量后，对其进行归一化处理，归一化采用 L2-norm 函数。之后将模板窗口中所有块的特征向量排列起来，形成描述整个模板窗口的 HOPC 描述符。HOPC 表示了模板窗口的几何结构信息，当模板窗口等于图像大小时，HOPC 反映了整个图像的结构特征，如图 7-9 所示。

(a) 模板图像

(b) HOPC 描述符

图 7-9　HOPC 可视化

7.1.3 LSS

局部自相似(local self-similarity，LSS)由 Schechtman 和 Irani 于 2007 年提出的特征描述方法[28]，它使用局部图像几何布局和形状构建特征描述符，使得只要图像局部间具有相似的几何布局和形状特征，LSS 描述符就具有高度相似性。图 7-10 显示了一幅图像局部区域 LSS 描述符的构建过程。

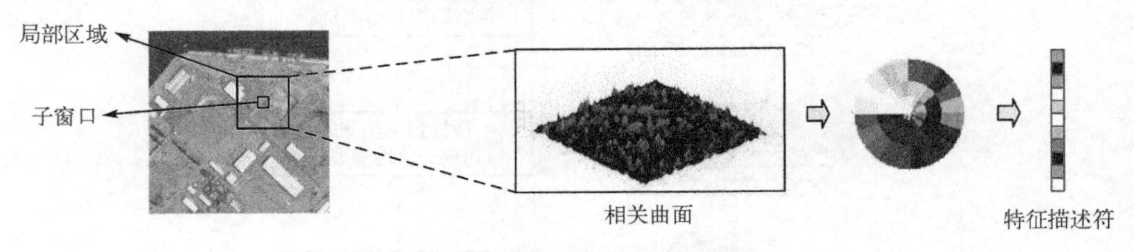

图 7-10　LSS 描述符的构建过程

以像素 q 为中心，取一个大小为 5×5 像素子窗口以及一个半径为 40 的局部区域窗口，通过使用灰度差平方和(sum of square differences，SSD)算子计算子窗口与局部区域窗口间的相关距离曲面 $\mathrm{SSD}_q(x,y)$，并将相关距离曲面通过式 7-12 进行归一化形成相关曲面 $S_q(x,y)$

$$S_q(x,y)=\exp\left(\frac{\mathrm{SSD}_q(x,y)}{\max(\mathrm{var}_{\mathrm{noise}},\mathrm{var}_{\mathrm{auto}}(q))}\right) \tag{7-12}$$

式中，$\mathrm{var}_{\mathrm{noise}}$ 是一个常数，代表由光照和噪声等引起的灰度变化，$\mathrm{var}_{\mathrm{auto}}(q)$ 是中心子窗口与其邻域(半径为 1)内子窗口的 SSD 的最大值，用来顾及子窗口间的灰度差异以及相应的模式结构。

为了消除图像间局部的仿射形变，把相关曲面 $S_q(x,y)$ 转化到对数极坐标下，并在角度和径向方向上分别划分 20 份和 4 份，形成 80 个子区域。在每个子区域里，选择最大的“相关值”作为特征值，形成 80 维 LSS 描述符。最后对 LSS 描述符进行归一化，进一步消除灰度变化造成的影响。图 7-11 显示了同一场景下的可见光图像和红外图像的 LSS 描述符。可以看出，虽然这两幅图像之间存在着较大的灰度差异，但它们的 LSS 描述符却十分相似。

7.1.4 改进的 SURF

加速稳健特征(speeded up robust features，SURF)是一种包含特征检测和特征描述的局部特征描述符，最初由 Bay 等在 2006 年的欧洲计算机视觉国际会议提出，并在 2008 年正式发表[65]。Bay 等提出的 SURF 描述符可分为特征检测和特征描述两个部分。在特征检测阶段，提取具有尺度和主方向的特征点。在特征描述阶段，首先在特征点周围沿主方向选取 4×4 的窗口，每个子窗口包含 5×5 个像素，然后对每个子窗口中像素的主方向和垂直方向的 Haar 小波特征进行矢量累加，这样每个单元就得到水平梯度模值和方向值、垂直梯度模值和方向值的 Haar 小波特征，最终得到 4×16＝64 维的描述符，如图 7-12 所示。

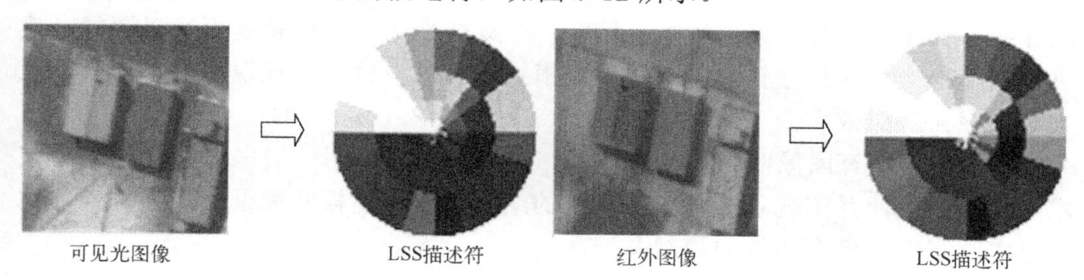

图 7-11　可见光与红外图像的 LSS 描述符对比

虽然 Bay 等提出的 SURF 描述符具有快速鲁棒的特性，但由于遥感图像能够利用地理信息或有理函数模型进行几何校正，即消除图像间的旋转和尺寸差异，这里提出了一种改进的 SURF 描述符。首先以特征点为中心，设置大小为 4×4 的块区域，每个子区域包含 5×5 个像素。在每个子区域中，通过计算水平和垂直方向的小波特征并进行累加构成改进的 SURF 特征矢量。要注意的是，由于多模态图像间往往存在灰度反向的情况，只利用小波特征在水平和垂直方向的响应模值进行计算，即 $v'=\left(\sum|dx|,\sum|dy|\right)^{\mathrm{T}}$，改进的 SURF 描述符如图 7-13 所示。除了更能适应多模态图像间的灰度差异，由于改进的 SURF 描述符是 32 维，而 Bay 等提出的 SURF 描述符是 64 维，改进后的描述符具有更高的计算效率。

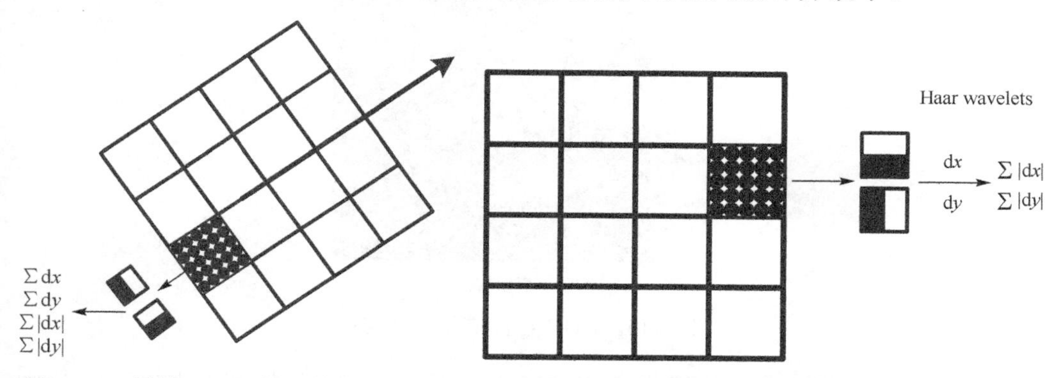

图 7-12　原始 SURF 描述符构建流程　　图 7-13　改进的 SURF 描述符构建流程

7.2　快速鲁棒的结构相似性模板匹配框架

本书已经介绍了大量的匹配算法，如基于特征的 Harris、SIFT 算法，此类算法需要在图像间提取具有高重复率的稳健的特征点，该特性极易受到多模态图像间非线性辐射差异等因素的影响。而基于模板的 NCC 和 MI 都是直接以图像灰度进行匹配，当模板尺寸较小且存在重复模式干扰时，极易出现误匹配，而模板较大时，存在匹配效率低下的问题[118]。

本书针对现有图像匹配算法的不足，并结合实际应用中对多模态图像匹配技术的需求，设计并实现了一种快速鲁棒的结构相似性模板匹配框架。该框架能够快速实时实现多模态图像的稳健匹配。

7.2.1　逐像素结构特征表达

如 7.1 节对图像结构特征的描述，结构特征描述符通过对图像的几何结构特征进行提取和表达，能够有效抵抗多模态图像间的非线性辐射差异。这里以 HOG 描述符为例作一个简单回顾。HOG 通过计算将模板窗口划分为互相交叠的块，每个块中包含 2×2 个细胞，如图 7-14 所示。之后通过插值的方式计算每个块的梯度方向直方图，最后将模板窗口内块的梯度方向直方图进行组合形成最终的 HOG 特征描述符。

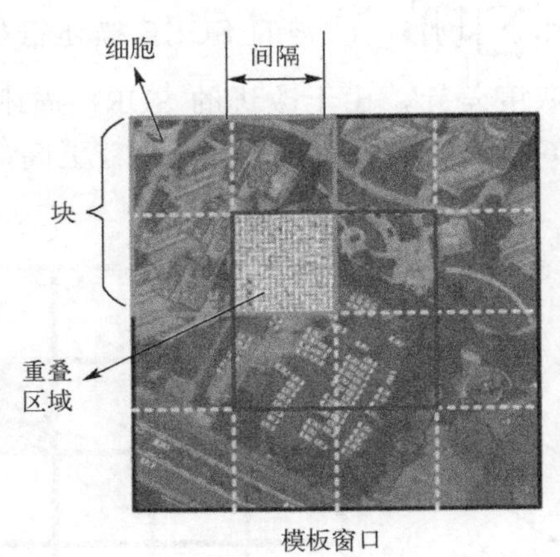

图 7-14　HOG 特征描述符结构

如上所述，在 HOG 特征描述符构建的过程中，相邻的块间存在间隔，该间隔的大小即为一个细胞的大小。经 Ye 等研究发现，当该间隔越小时，所构建的 HOG 特征描述符匹配效果越好[33]。接下来，通过一个例子对其进行佐证。如

图 7-15 所示，使用可见光和 SAR 图像分别构建 HOG 描述符，并利用灰度差平方和(即 SSD)作为相似性度量比较 HOG 特征描述符在不同块间隔大小时的相似性曲线。匹配模板窗口的大小为 40×40 像素，搜索区域的大小为[−10,10]像素，从图 7-15 中的(c)～(f)可以看出，当 HOG 描述符块间的重叠逐渐减小时，HOG 特征描述符间的匹配误差在逐渐减小，相似性曲线也在逐渐变得更加平滑。因此，可以理解为当 HOG 描述符重叠块的像素为 1 时，即每个像素点都计算 HOG 描述符，其匹配性能最优。类似地，其他类型的结构特征描述符(如 HOPC、LSS 和 SURF 等)同样具有上述特性。

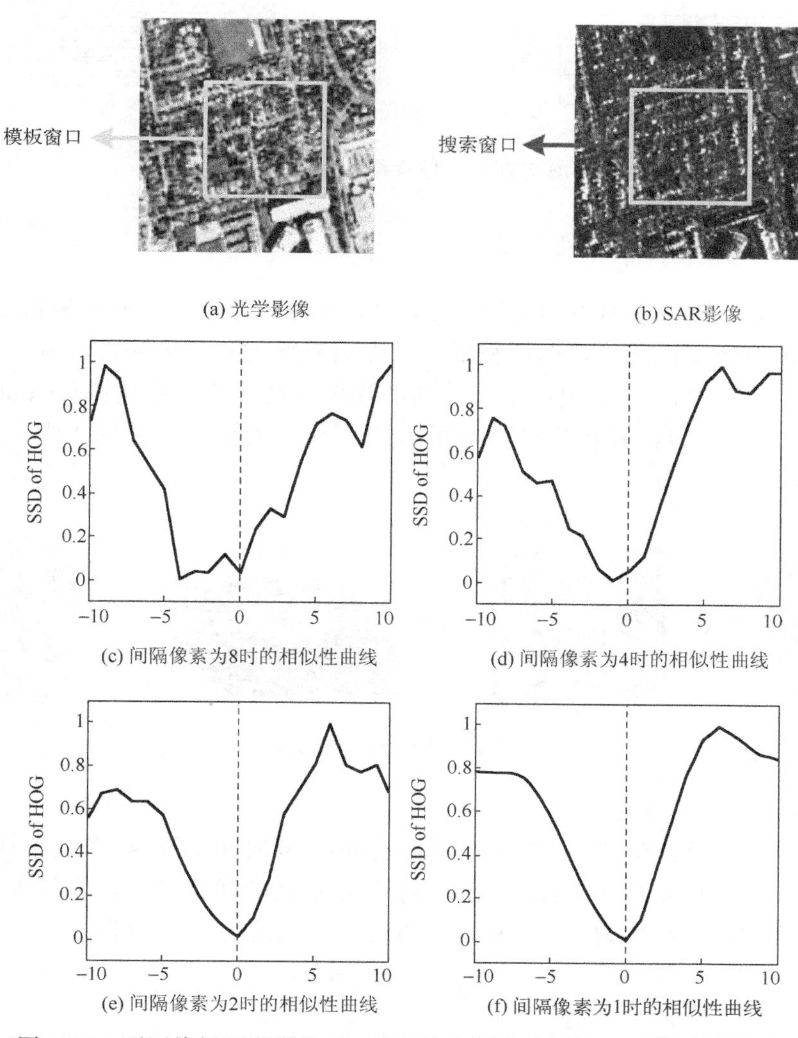

图 7-15　不同块间隔下所构建 HOG 特征描述符间的 SSD 相似性曲线

根据上述实验现象，本章通过计算图像上每个像素点的局部特征描述符，对图像进行逐像素结构特征表达。每个像素点的特征描述符在 Z 方向进行排列，原始图像将形成一个稠密的三维结构特征表达图，如图 7-16 所示。

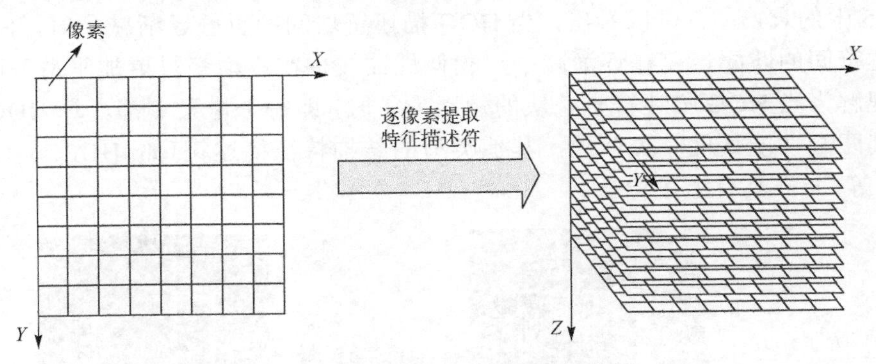

图 7-16　逐像素结构特征表达

7.2.2　CFOG

通过上节对逐像素 HOG 特征描述符的测试可知，通过降低模板窗口内 block 块交叠区域的间隔，所构建的特征描述符能更有效地对图像局部区域的结构进行表达。基于此特性，Ye 等提出了一种新的逐像素结构特征描述符(channel feature of gradient，CFOG)，其构建过程如图 7-17 所示，有两个主要的步骤：构建方向梯度通道和三维高斯卷积。

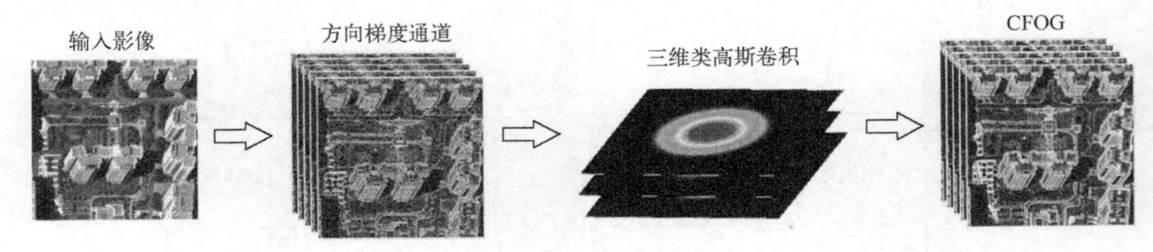

图 7-17　CFOG 构建流程

(1) 构建方向梯度通道。

对于给定的模板图像，首先计算图像的 m 层方向梯度通道，称为 $g_i(1<i\leqslant m)$，每层方向提取通道 $g_o(x,y)$ 是位于点 (x,y) 方向 o 处的梯度幅值，若值大于 0 则保持不变，否则将其赋值为 0，即每层的方向梯度通道可以表示为

$$g_o=\left\lfloor \partial I / \partial o \right\rfloor \tag{7-13}$$

式中，I 表示模板图像，o 是所划分的方向，$\lfloor\ \rfloor$ 表示当值为正时等于其本身，否

则为 0。但在实际过程中，不需要对每层的方向梯度通道 g_o 分别进行计算，可以首先通过 Sobel 算子计算影像水平方向和垂直方向的梯度幅值 (g_x, g_y)，然后通过式(7-14)计算每层方向梯度通道的特征值

$$g_o = \text{abs}(\cos\theta \cdot g_x + \sin\theta \cdot g_y) \tag{7-14}$$

式中，θ 表示划分的梯度方向，abs 表示绝对值，目的是将梯度方向限制在 0～π，这样可以较好地处理多模态图像间梯度反向的情况。

(2) 三维高斯卷积。

在形成方向梯度通道后，通过使用三维类高斯卷积核进行卷积来实现卷积特征通道

$$g_o^\sigma = g_\sigma * \left\lfloor \partial I / \partial o \right\rfloor \tag{7-15}$$

式中，*表示卷积运算，σ 表示高低卷积核的标准差，但该高斯卷积核并不是严格意义上的三维高斯函数，而是一个在 X 和 Y 方向上的二维高斯核和一个在方向梯度通道层方向的核 $[1,2,1]^{\mathrm{T}}$（以下简称为 Z 方向）。通过在 Z 方向进行卷积，平滑了 Z 方向上的梯度，降低了两幅图像间因局部几何形变和非线性辐射变化造成方向畸变的影响，最后对 g_o^σ 进行归一化形成方向梯度通道特征。

如上所述，CFOG 的构建思想来源于 HOG，即通过图像的梯度幅值和梯度方向构建能够描述图像几何结构属性的描述符。相较于 HOG，CFOG 具有以下两个优点：①HOG 通过对局部区域的梯度幅值和方向进行三线性插值构建梯度方向直方图，需要计算块内每个细胞的梯度方向直方图，且块间往往存在重叠细胞，导致了同一像素在不同块的多次计算，计算过程非常费时。而 CFOG 通过对方向梯度信息进行卷积运算来代替三维线性插值，有效地提高了计算效率。②HOG 是在一个相对稀疏的采样格网上进行特征描述构建，而 CFOG 是一种逐像素构建的三维特征描述符，所以能更为精确地描述图像的形状和几何结构属性。

7.2.3 快速的匹配相似性度量

基于上面所构建的逐像素特征描述符，本节将详细给出一种快速的匹配相似性度量。如给定两个模板图像，可以通过 SSD 相似性度量实现模板图像间的匹配。分别将两个图像间逐像素构建的三维特征描述符表示为 D_1 和 D_2，在模板窗口 i 中，D_1 和 D_2 间的 SSD 的计算公式如下

$$S_i(v) = \sum_x [D_1(x) - D_2(x - v)]^2 T_i(x) \tag{7-16}$$

式中，x 表示三维特征描述符中像素的位置，$T_i(x)$ 为作用于特征描述符 $D_1(x)$ 上的

掩膜函数，当其在模板窗口内时，$T_i(x)=1$，否则其值等于 0，$S_i(v)$ 表示 $D_1(x)$ 在 $D_2(x)$ 内平移 v 个像素矢量间的 SSD 相似性度量函数。根据 SSD 相似性度量的定义，SSD 的最小值为图像模板间的最优匹配，可以将三维特征描述符间的匹配方程定义为

$$v_i = \arg\min_v \left\{ \sum_x [D_1(x) - D_2(x-v)]^2 T_i(x) \right\} \tag{7-17}$$

式中，v_i 表示的是 D_1 在 D_2 内的平移像素矢量。

如上所述，在计算两个模板间的相似性度量 SSD 时，采用逐像素滑动窗口的形式进行计算。当模板窗口和搜索窗口较大时，该过程极其费时，尤其是当特征描述符从图像的二维像素值变为三维矢量。为了解决该难题，本书提出了使用快速傅里叶变换(FFT)算法加速特征描述符间的匹配。SSD 相似性函数可以扩展为以下形式

$$S(v_i) = \sum_x D_1^2(x)T_i(x) + \sum_x D_2^2(x-v)T_i(x) - 2\sum_x D_2(x-v)D_1(x)T_i(x) \tag{7-18}$$

在式(7-18)中，由于第一项为常量，所以相似性度量函数 $S_i(v)$ 可以通过最小化后两项来实现。进一步，由于后两项为卷积运算，所以可以通过 FFT 进行加速运算，即根据傅里叶算法的定义，空间域中两个模板间的相关或卷积等于两个模板的傅里叶变换在频率域中的乘积。因此，模板间的平移像素矢量表示为

$$v_i = \arg\min_v \{F^{-1}[F^*(D_2)F(D_2T_i)](v) - 2F^{-1}[F^*(D_2)F(D_1T_i)](v)\} \tag{7-19}$$

式中，F 和 F^{-1} 分别表示傅里叶的正反变换，F^* 表示 F 的共轭函数，通过式(7-19)可以提高特征描述符模板间的匹配速度。例如，对于给定 $N \times N$ 像素的模板窗口，以大小为 $M \times M$ 像素的搜索窗口进行滑动模板匹配时，以 SSD 作为相似性度量的计算次数约为 $\xi(M^2N^2)$，而采用傅里叶变换加速匹配方法作为匹配相似性度量的计算次数约为 $\xi((M+N)^2 \log(M+N))$，对比两者之间的计算次数可以看出，所提出的匹配方法能够显著提高三维特征描述符间的匹配速度。

由以上可知，所提出的结构相似性模板匹配框架主要包括了逐像素结构特征描述和基于 FFT 的快速相似性度量。这里将上面所介绍的特征描述符，如 HOG、LSS 以及 SURF 等，分别整合在该匹配框架中进行匹配，并将它们分别称为 FHOG、FLSS 和 FSURF。为了测试提出的 CFOG 特征描述符在多模态图像中的匹配性能，在所提出的匹配框架中，将它与 FHOG、FLSS 以及 FSURF 的相似性图进行对比。此外，由于传统的 MI 能够在一定程度上抵抗多模态图像间的非线性灰度变化，这里也将 MI 加入匹配性能对比。图 7-18 显示了各方法的相似性图，可以看出，在光学和红外图像间，MI 方法的相似性图有一个峰值点，但在光学和 SAR 图像中，MI 方法的相似性图有较多的噪声。而 FHOG、FLSS、FSURF 以及 CFOG 的

相似性图都只具有一个较高的峰值，且相似性图中的噪声极小。因此，该实验初步地证实了所提出结构特征模板匹配框架的稳健性。

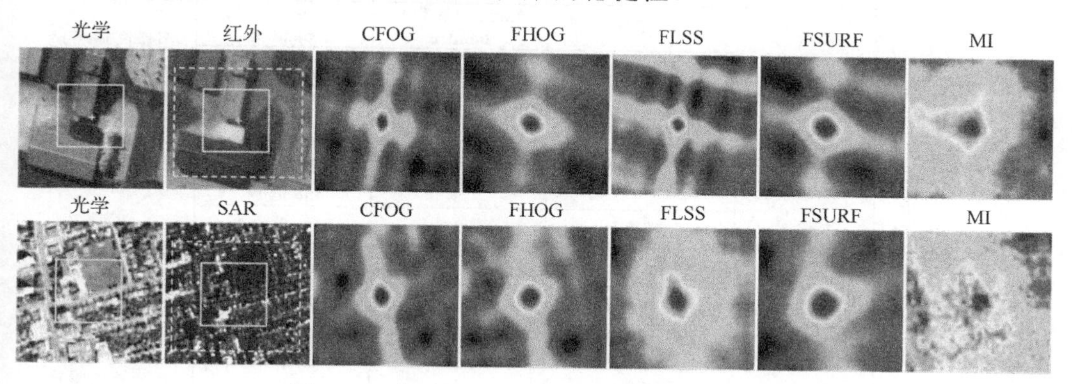

图 7-18　各种方法的相似性图对比(见彩图)

7.3　实 验 分 析

本节将结构特征模板匹配框架(包括了 CFOG、FHOG、FLSS 和 FSURF)与其他经典匹配算法如 MI、GMI[119]、HOG_{ncc}、$HOPC_{ncc}$ 和 MIND(modality independent neighborhood descriptor)[120]进行测试比较。实验测试主要从抗噪性性能、匹配正确率、匹配精度以及计算效率等四个方面进行比较评估。

7.3.1　数据介绍

本章使用十对多模态图像进行对比实验，所使用的每组多模态图像在测试前均重采样至同一分辨率，即每组多模态图像间仅存在平移关系。其中，实验 1 和实验 2 为可见光图像和红外图像间的匹配；实验 3～实验 5 为 LiDAR 和可见光图像匹配实验；实验 6～实验 8 为可见光与 SAR 图像匹配；实验 9 和实验 10 为可见光与栅格地图图像匹配。测试图像数据详细信息如表 7-1 所示。

表 7-1　实验数据信息

匹配图像	实验编号	图像规格	参考图像	输入图像	图像特点
可见光-红外	实验 1	传感器	光学	红外	图像区域为以建筑物为主题的城市区域
		分辨率/m	0.5	0.5	
		时间/(年\月)	2000\04	2000\04	
		尺寸/像素	512×512	512×512	

续表

匹配图像	实验编号	图像规格	参考图像	输入图像	图像特点
可见光-红外	实验 2	传感器	Landsat 5 TM band 1	Landsat 5 TM band 4	图像区域为城镇区域，图像间存在 6 个月的时相差异
		分辨率/m	30	30	
		时间/(年\月)	2001\09	2002\03	
		尺寸/像素	1074×1080	1074×1080	
LiDAR-可见光	实验 3	传感器	LiDAR intensity	WorldView 2 intensity	图像区域为城市区域，图像间的时相差异为 12 个月，LiDAR 图像具有严重的噪声
		分辨率/m	2	2	
		时间/(年\月)	2010\10	2011\10	
		尺寸/像素	600×600	600×600	
	实验 4	传感器	LiDAR intensity	WorldView 2 intensity	
		分辨率/m	2	2	
		时间/(年\月)	2010\10	2011\10	
		尺寸/像素	621×617	621×617	
	实验 5	传感器	LiDAR depth	Airborne optical	图像区域为城市区域，LiDAR 图像具有严重的噪声
		分辨率/m	2.5	2.5	
		时间/(年\月)	2012\06	2012\06	
		尺寸/像素	524×524	524×524	
可见光-SAR	实验 6	传感器	TM band3	TerrsSAR-X	图像时相差异 12 个月，且 SAR 图像中存在噪声
		分辨率/m	30	30	
		时间/(年\月)	2007\05	2008\03	
		尺寸/像素	600×600	600×600	
	实验 7	传感器	Google Earth	TerraSAR-X	图像以建筑物为主，且 SAR 图像中存在噪声
		分辨率/m	3	3	
		时间/(年\月)	2007\11	2007\12	
		尺寸/像素	528×524	534×524	
	实验 8	传感器	Google Earth	TerraSAR-X	图像以高建筑物为主，时相差异为 14 个月
		分辨率/m	3	3	
		时间/(年\月)	2009\03	2008\01	
		尺寸/像素	628×618	628×618	
可见光-地图	实验 9	传感器	Google Maps	Google Maps	图像是以高建筑物为主的城市区域，且地图中存在一些文字标签
		分辨率/m	0.5	0.5	
		时间/(年\月)	未知	未知	
		尺寸/像素	700×700	700×700	
	实验 10	传感器	Google Maps	Google Maps	
		分辨率/m	1.5	1.5	

续表

匹配图像	实验编号	图像规格	参考图像	输入图像	图像特点
可见光-地图	实验 10	时间/(年\月)	未知	未知	图像是以高建筑物为主的城市区域，且地图中存在一些文字标签
		尺寸/像素	621×614	621×614	

7.3.2　参数设置和评价准则

在实验中，本实验采用匹配正确率、匹配精度以及匹配时间三种评价标准对上述十组实验进行评价。其中，匹配正确率(precision)为正确匹配点数量(correct matching points，CPs)除以总匹配点数量(total matching points，TPs)。匹配精度采用匹配正确点的均方根误差(RMSE)表示。为了测试匹配方法在不同模板尺寸下的匹配性能，这里将模板大小范围设置为 20×20 像素～100×100 像素，每次模板大小以 8×8 像素进行递增。同时为了确定正确匹配点，事先在每组影像间以人工刺点的方式选择了 50 对同名点，并以 50 对同名点建立投影变换模型表示图像像素间的变换关系，把误差在 1.5 个像素内的匹配点视为正确匹配点。十组实验均采用模板匹配的方式在参考影像上提取 200 个均匀分布的 Harris 特征点，并在输入影像上确定[−10,10]的搜索区域。

7.3.3　噪声影响分析

这里通过在图像上添加高斯噪声的方式对九种匹配方法进行测试评价，每种相似性度量均采用 80×80 像素的模板窗口，并采用平均精度对噪声影响进行分析。为了避免多模态图像间非线性辐射差异对结果产生影响，所采用的图像为四组光学与红外图像。在每组实验图像中，首先在红外图像中逐步添加方差范围为[0, 1%]的高斯噪声，生成一系列携带高斯噪声的红外图像。

平均匹配正确率如图 7-19 所示，在高斯噪声逐渐增加的情况下，FLSS 与 CFOG 的匹配平均精度明显优于其他方法。虽然 MI 和 GMI 能够在不同噪声条件下获得稳定的结果，但是 MI 和 GMI 的平均精度总是低于 FLSS 和 CFOG。在三种基于梯度方向直方图的方法中，CFOG 的表现要优于 FHOG 和 HOG_{ncc}，其原因是 CFOG 通过高斯核函数去平滑图像的噪声和构建特征描述符。与 HOG_{ncc} 相似，$HOPC_{ncc}$ 同样采用三线性插值的方式构建方向直方图，因此相较于 CFOG，$HOPC_{ncc}$ 更容易受高斯噪声影响。此外，相较于 CFOG，MIND 描述符对噪声更加敏感。

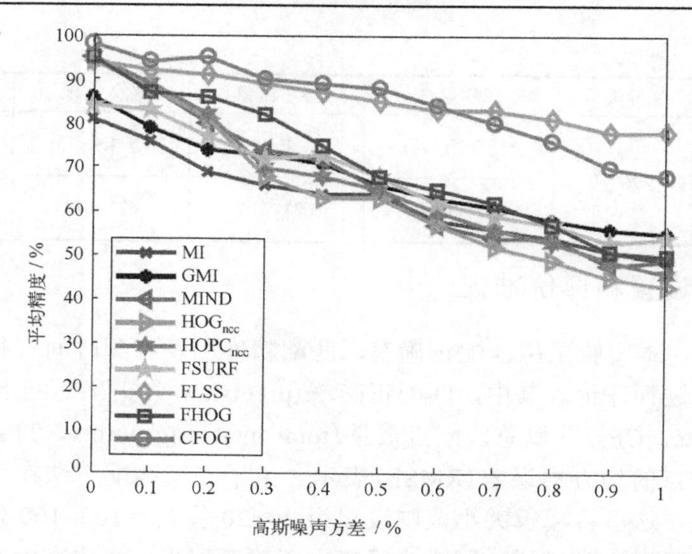

图 7-19　高斯噪声下不同相似性度量的平均匹配精度

7.3.4　匹配正确率和精度分析

本小节采用表 7-1 的实验数据对所对比的九种匹配方法进行匹配正确率和精度分析，匹配正确率结果如图 7-20 所示。可以看出，所提出的匹配方法(如 CFOG、FHOG、FLSS 以及 FSURF)在十组测试图像中均取得了令人满意的匹配正确率，这验证了所提出匹配框架的有效性。MI 在十组测试图像中的结果均比较差，这说明了 MI 难以有效处理多模态图像间的非线性辐射差异。相较于 MI，GMI 虽然通过使用梯度信息提高了匹配精度，但是相较于所提出的 CFOG 和 FHOG，GMI 的匹配精度仍然较低。

由于所提出的匹配框架包含了多种不同的特征描述符，所以它们在不同的测试图像中表现出了不同的性能。从图 7-20 可以看出，在十组多模态测试图像中，CFOG 和 FHOG 比 FLSS 和 FSURF 表现得更稳定，这表明基于梯度方向直方图的描述符比其他描述符更能有效地形成逐像素特征处理多模态图像间的匹配。此外，FLSS 的匹配性能受图像类型的影响较大，对于纹理贫乏区域的图像如实验(f)、(i)和(j)，FLSS 的匹配性能有明显的下降。这表明，用于构建 FLSS 的特征描述符(即 LSS)难以在纹理贫乏的图像间捕捉到有效的共有特征。虽然 FSURF 在大多数测试图像中表现出了稳定的性能，但其正确率一直低于 CFOG、FHOG 和 FLSS，这可归因于 SURF 描述符是用 Haar 小波计算，而 Haar 小波仅在 *X* 和 *Y* 方向计算梯度幅值，却忽略了梯度方向。相较于梯度幅值，梯度方向对于复杂的非线性辐射变化更加鲁棒。

对于基于梯度方向直方图的三种相似性度量即 CFOG、FHOG、HOG_{ncc}，在模板大小一致的情况下，HOG_{ncc} 的精度均低于 CFOG 和 FHOG，这是因为 HOG_{ncc} 是基于图像中相对稀疏的采样网格来提取特征，而 CFOG 和 FHOG 是通过计算图

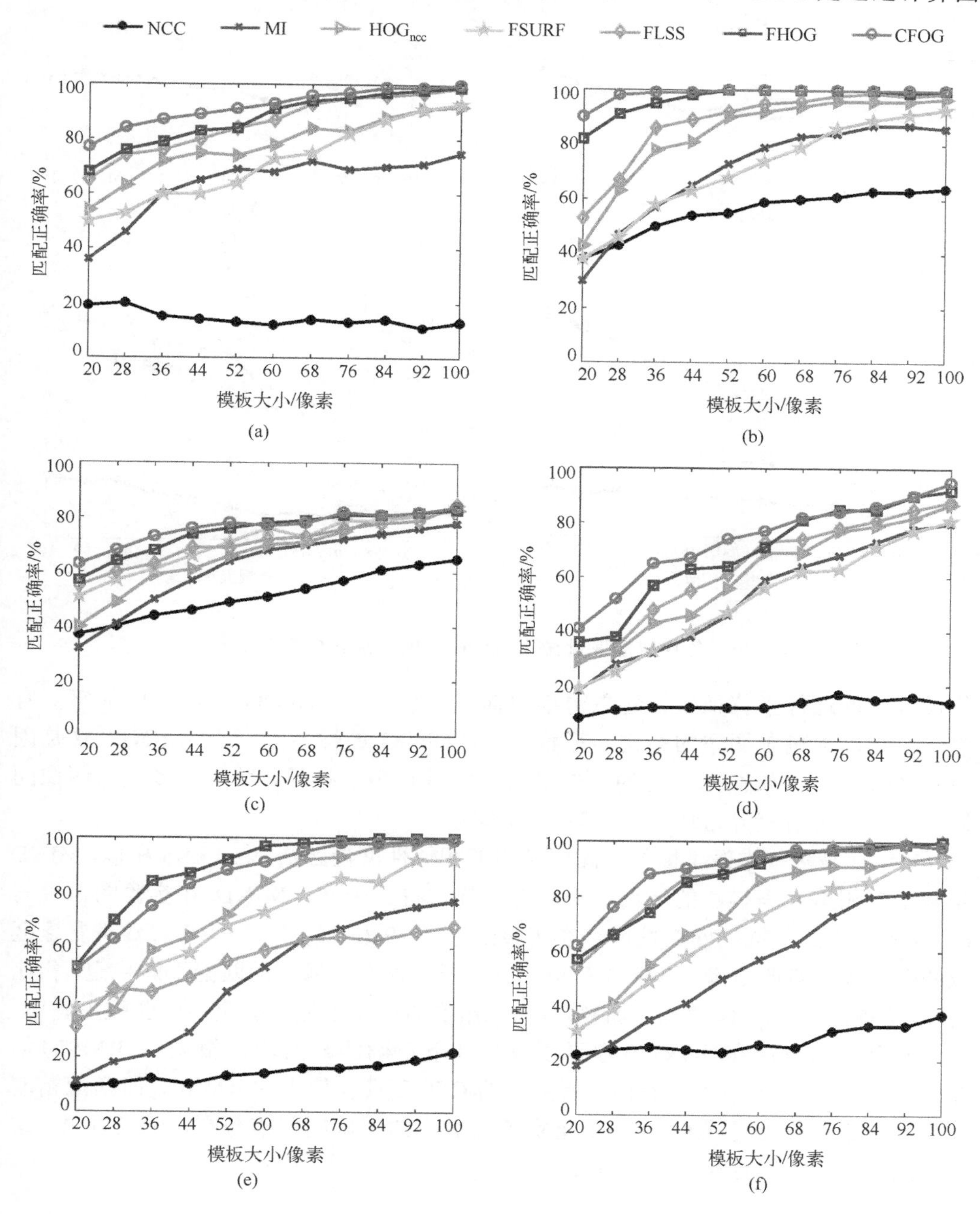

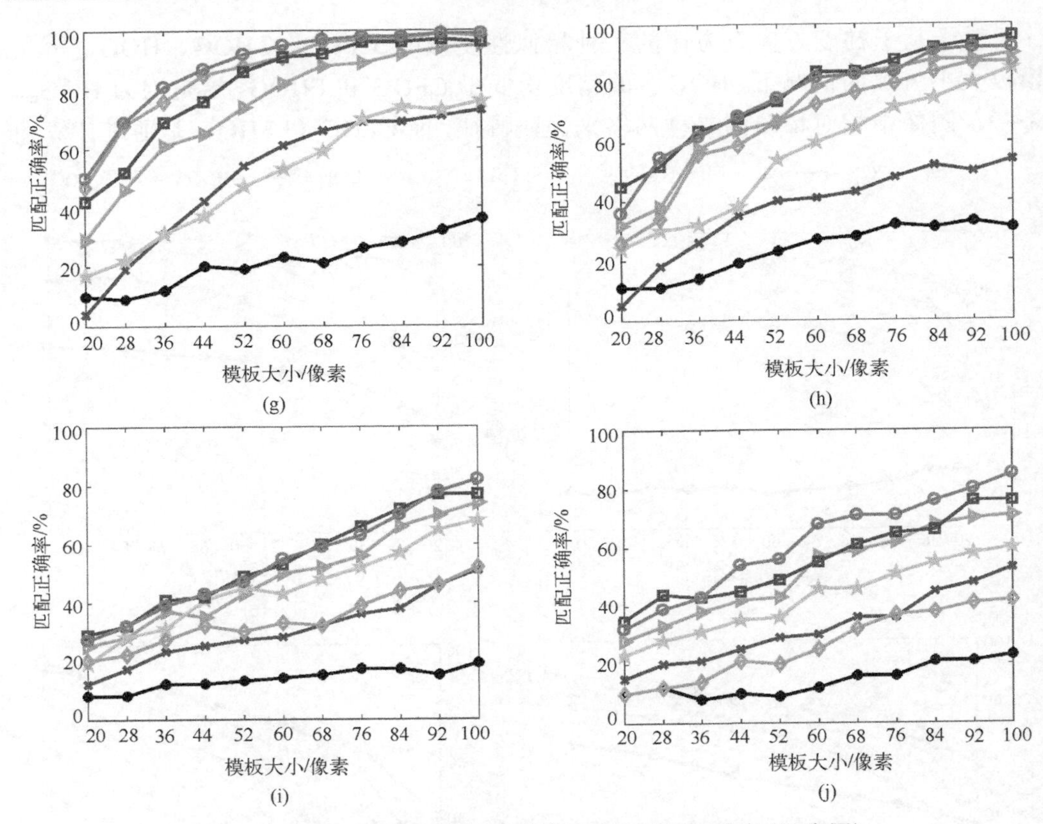

图 7-20　各相似性度量在不同模板下的匹配正确率(见彩图)

像模板中的逐像素特征来构建更密集的描述符。因此，CFOG 和 FHOG 能够更有效、更精确地刻画图像的结构和形状特征。CFOG 的性能略好于 FHOG，这是因为 CFOG 采用三维高斯平滑的方式对直方图进行平滑处理，减少了多模态图像间局部几何和辐射差异造成的方向畸变的影响。

MIND 是多模态医学图像匹配中常用的相似性度量方法，与 FLSS 相似，MIND 是基于自相似原理构建的结构和形状特征描述符。因此，MIND 在实验图像中与 FLSS 具有大致相同的匹配性能。在实验图像 5、9 和 10 中，MIND 在纹理贫乏区域的匹配性能有所下降，这意味着 MIND 对于多模态图像间的匹配不够稳定，相比之下，所提出的 CFOG 性能更加稳定，在十组实验图像中能具有更高的匹配正确率。

所有匹配方法在 100×100 像素模板尺寸下正确匹配的均方根误差(RMSE)如图 7-21 所示，从图中可以看出，所提出的 CFOG 具有最小的 RMSE，即匹配精度最高。图 7-22 显示了 CFOG 在十组实验图像中的正确匹配点分布，可以看出，这些匹配点与正确的匹配位置完全对应。

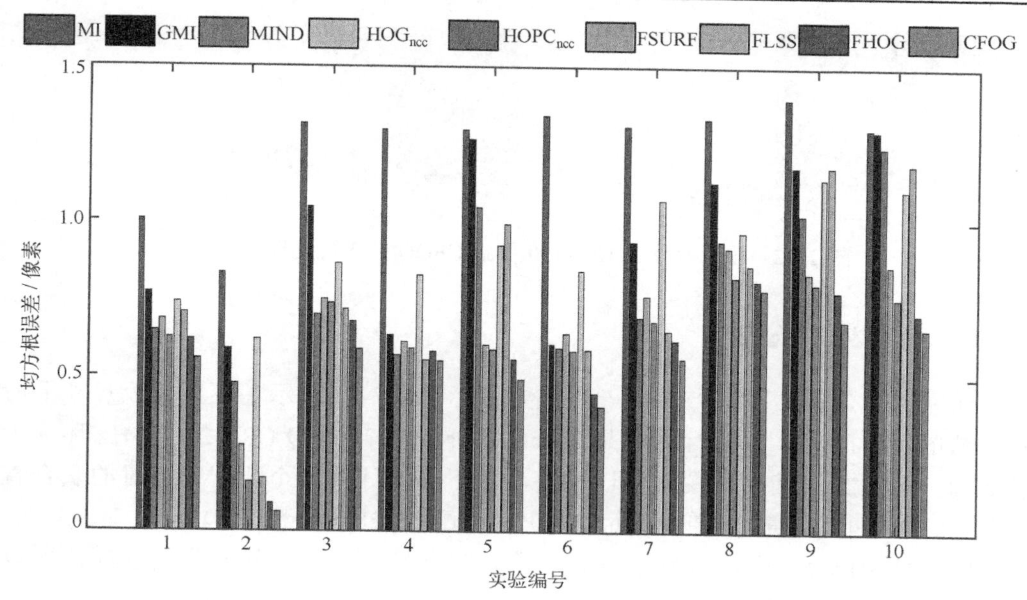

图 7-21 所有匹配方法的正确匹配点均方根误差(见彩图)

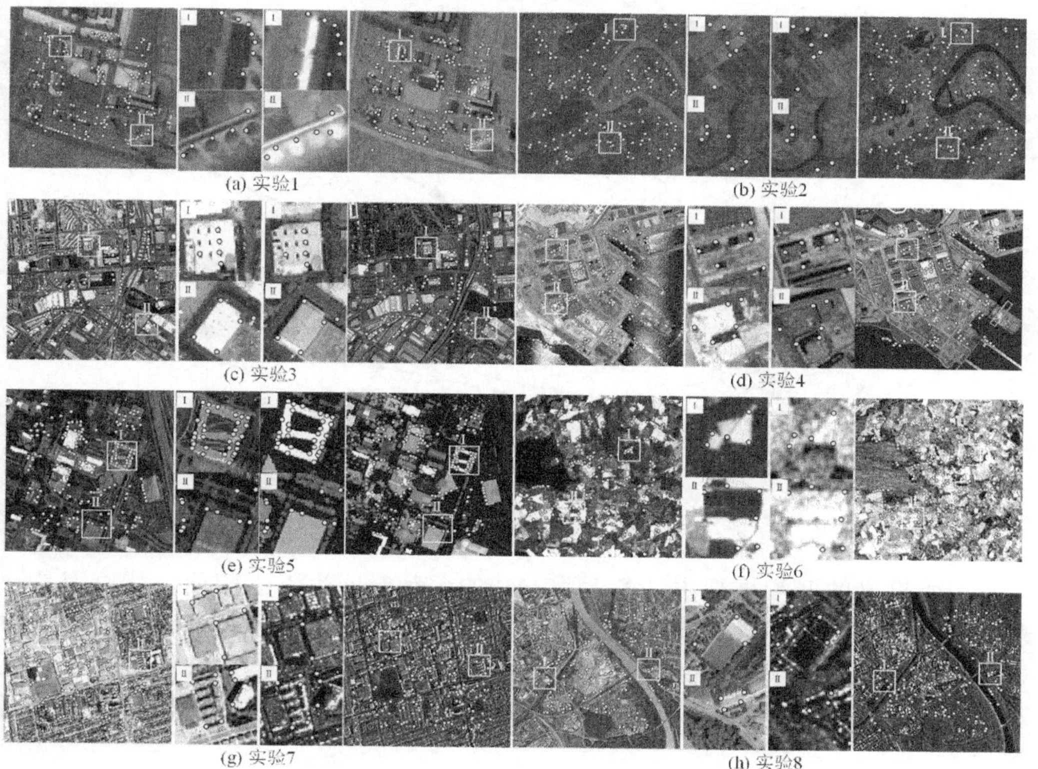

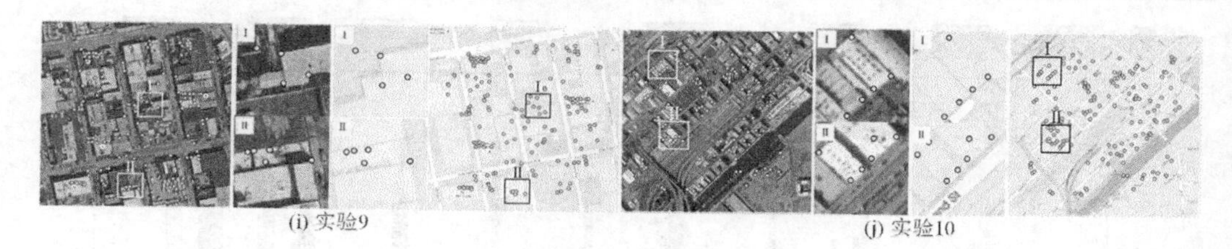

图 7-22 模板尺寸为100×100 像素 CFOG 的正确匹配点分布

7.3.5 计算效率分析

计算效率是评估匹配方法的一项重要指标，图 7-23 显示了不同模板尺寸下所有方法的运行时间，该运行时间是在 Intel Core i7-4710MQ CPU 2.50 GHz 环境下测试的。从运行时间对比图中可以看出，由于需要计算每个匹配窗口对的联合直方图，GMI 和 MI 最为耗时。而所提出的匹配方法的匹配时间均少于 HOG_{ncc}、$HOPC_{ncc}$ 和 MIND，这是因为它们采用了 FFT 策略在频率域进行加速匹配，所以运行时间较少。

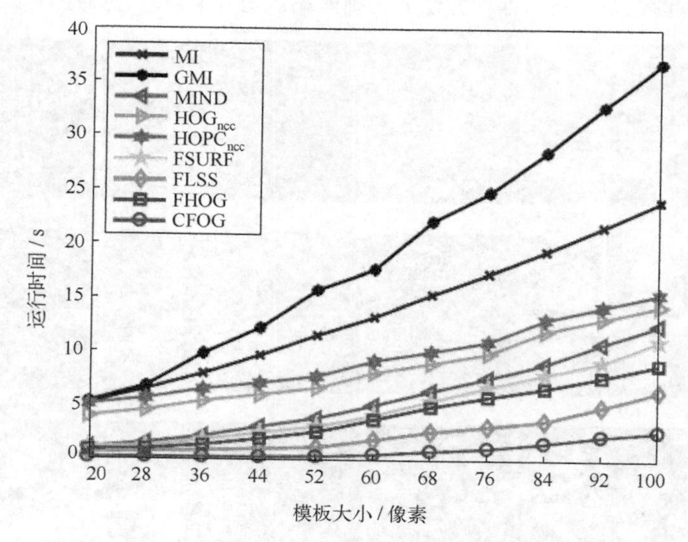

图 7-23 匹配时间对比

在所提出的匹配框架中，各匹配方法的运行时间也不大相同，其原因是这些相似性度量采用了不同的特征描述符，即运行时间主要取决于特征描述符的构建。表 7-2 显示了模板大小为 512×512 像素下不同特征描述符的计算时间，从表中可以看出，CFOG 特征描述符的构建时间最少，因此对应的匹配时间也最少。

表 7-2　特征描述符计算时间

相似性度量	计算特征描述符时间/s
FSURF	2.905
FHOG	1.178
FLSS	0.693
CFOG	0.210

7.4　本章小结

本章介绍了基于结构特征的多模态图像匹配，主要内容涵盖从基于结构特征的图像特征描述符到快速鲁棒的结构相似性模板匹配框架。相比于受辐射差异影响较大的灰度特征，结构特征能够在多模态图像中保持相对稳定。于是，本章首先介绍了 HOG、HOPC、SURF 等经典的结构特征描述符，然后提出了一种快速鲁棒的模板匹配框架，该框架利用逐像素特征表达的方式对结构特征进行精细刻画，可以整合各种特征描述符进行图像匹配，并利用 FFT 进行加速运算。通过采用十组不同类型的多模态图像进行实验，验证了所提出的匹配框架可以快速精确地在多模态图像间识别同名点。

第 8 章　多模态遥感图像自动配准系统

虽然有关多模态遥感图像配准方法的相关研究已经进行了几十年，但是在实际工程应用中，多模态遥感图像的配准依然存在精度较低、效率低下等问题。当前，国际上主流商用软件(ENVI、ERDAS、PCI 等)都具有基本的配准功能模块，但仅集成了针对单模态配准的传统方法(如 NCC、MI 等)，难以对存在严重几何畸变和非线性辐射差异的多模态图像进行快速和精确地配准。因此，研发一种快速鲁棒的多模态图像自动配准系统有着较大的业务需求和应用前景。

本章设计了一种基于空间几何约束和结构相似性的多模态配准系统。该系统首先利用遥感图像的地理参考信息进行基于空间几何约束的粗配准，消除全局的几何形变。然后采用模板匹配的策略，使用基于结构相似性的测度进行同名点匹配，实现图像间的精确配准(图 8-1)。该系统是在 Visual Studio 平台上采用 C++ 和 QT 编程开发的，能够快速鲁棒地实现大尺寸多模态遥感图像的配准，并且通过实验对比，在配准精度和效率方面都优于当前国际上主流的遥感商业软件 ENVI、ERDAS 和 PCI。该系统需要的关键步骤包括基于空间几何约束的粗配准和基于结构特征的精配准，其核心包括：特征点检测、局部几何纠正、特征点匹配、误差剔除和图像校正，下面将具体进行介绍。

8.1　基于空间几何约束的粗配准

多模态遥感图像的配准涉及可见光、红外、SAR、LiDAR 强度图等多种图像形式，由于遥感图像通常都带有地理参考信息或者有理多项式参数(rational polynomial coefficient，RPC)，所以本节主要介绍如何在配准过程利用此类信息，发挥遥感图像数据自身的优势。本节的主要内容是对该系统的粗配准部分的介绍，该系统基于空间几何约束来实现多模态图像间的粗略配准，消除多模态图像之间显著的旋转和尺度差异，减少后续精配准中模板匹配策略的搜索范围，以提高后续配准的精度和计算效率。

8.1.1　特征点检测

到目前为止，有许多用于图像特征点检测的算子，如 Moravec、Harris、DoG、Harris-Laplace 和 Hession-Laplace 等(见 3.1 节)。这些算子具有良好的不变性和可重复性，但其计算效率并不能令人满意。因此，考虑到所提方法对特征提取的可靠性和计算效率的要求，所研发的系统选择为实时应用而设计的 FAST 算子[54]来检测特征点。

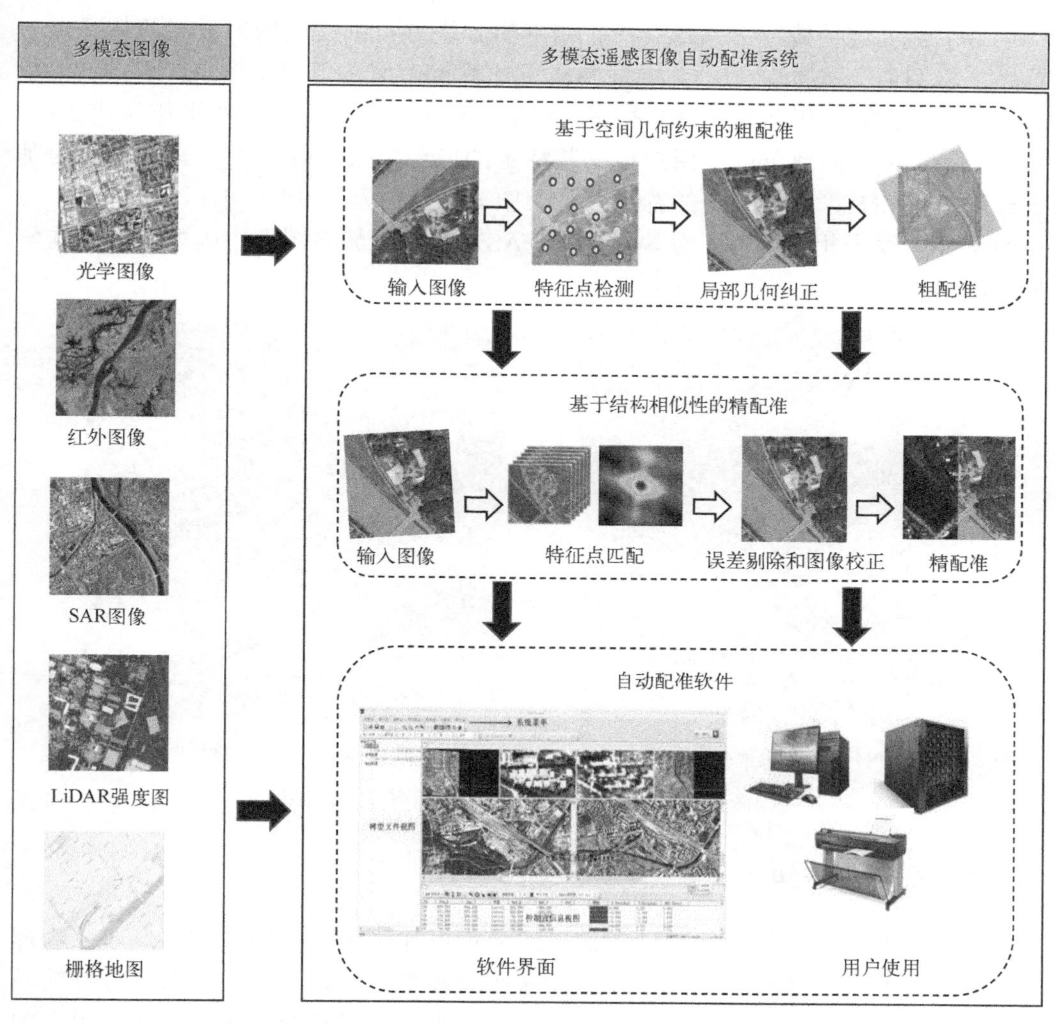

图 8-1　系统结构图

FAST 算子是一种快速角点提取算子，其主要原理是根据初始阈值 t 检测候选像素点 p 的像素灰度值 I_p 与其半径为 3 的领域内 16 个像素点灰度值之间的关系。FAST 算子通常用于提取整个图像的特征点，并且采用非极大值抑制[83]来减少一些相邻的特征点。但由于图像不同区域的灰度分布不同，且遥感卫星图像的幅宽往往较大，图像中所涵盖的地物类型较多且分布不均匀，若直接使用 FAST 算子在整幅图像上通过设定的阈值提取角点，会出现特征点分布不均匀的现象，甚至会产生特征点聚簇现象。如图 8-2(a)所示，特征点大多位于建筑物周围，特征点的不均匀分布会降低匹配质量，进而影响图像配准的性能。

为了解决这种情况，本章设计了如下的分块方案来提取均匀分布的特征点。首先，将图像分成 $n \times n$ 个不重叠的网格，计算每个网格下每个像素的 FAST 值。然后，将 FAST 值从小到大进行排序，选取 FAST 值最大的 k 个像素作为特征点。实际上，n 和 k 的值可以由用户根据其特定的应用需求进行调整。图 8-2(b)为基于分块的 FAST 算子检测到的特征点，其中 n 和 k 分别为 10 和 4。不难看出，与原始 FAST 算子相比，基于分块策略的 FAST 算子能够在图像中提取出更加均匀分布的特征点。

(a) 传统 FAST 提取特征点

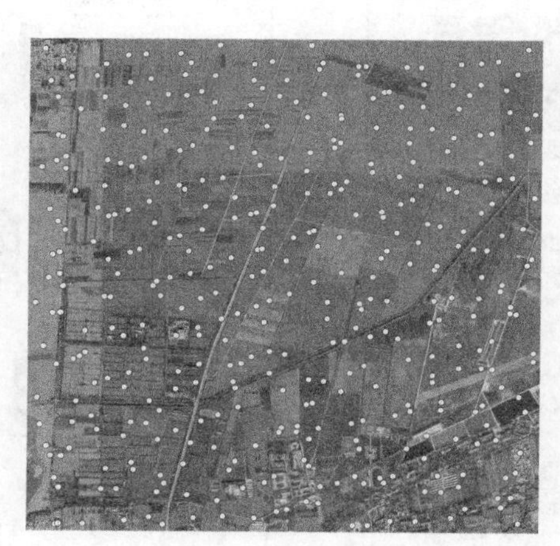

(b) 分块 FAST 提取特征点

图 8-2　两种不同策略的 FAST 算子提取结果

8.1.2　局部几何纠正

高分辨率卫星图像的地理参考信息通常可以通过两种不同的方法获取：物理传感器模型和通用传感器模型[121]。物理传感器模型直接建立在共线条件方程的基础上，涉及较为复杂的空间坐标系统之间的转换，必须获得传感器成像过程中的各种内外参数，如卫星星历、传感器姿态角及其物理特性参数和成像方式等，利用这些外部和内部的方向参数以及一些传感器间的标定参数严格描述图像和物体坐标之间的几何关系。而通用传感器模型无须过多了解传感器的成像机理，直接以形式较为简单的数学函数(通常由一个多项式或两个多项式的比例构成)描述物方点三维空间坐标与相应像点二维平面坐标之间的几何关系。通用传感器模型形式简单，适用于各种类型的遥感传感器，而且无需传感器成像过程的内外参数，可确保遥感卫星及传感器的核心技术参数不泄露。有理函数模型(rational function model，RFM)作为一种遥感图像通用传感器模型，是对一般多项式和直接线性变换模型的扩展，是各种遥感图像通用传感器模型的更广义和更完善的一种表达形式，可以用于遥感卫星图像的高精度定位，是最常用的通用传感器模型[122-124]。

因此，目前商业卫星图像供应商提供的遥感图像通常都带有理多项式系数(rational polynomial coefficients，RPC)，但是受卫星轨道和姿态测量的误差影响，图像供应商提供的有理多项式系数往往存在偏差，导致图像空间中的误差通常在几个像素到几十像素[125]。因此，所研发的系统利用供应商提供的 RPC 参数对图像进行局部几何粗校正，消除图像之间明显的旋转和尺度差异，为后续的精配准提供可靠的空间几何约束。

局部几何校正是基于有理函数模型 RFM 对输入图像以提取的 FAST 特征点为中心的局部图像进行几何校正。由于遥感图像的尺寸通常非常大，所以将整个图像都读入内存并不是优选的策略。根据有理函数模型，在所研发的系统中，以特征点为中心，在输入图像上选取一定大小的局部图像，引入数字高程模型(digital elevation model，DEM)作为高程基准面，然后对局部图像进行几何校正，消除输入局部图像与参考局部图像对之间的旋转和尺度差异，形成局部图像间的粗配准。局部几何校正前后的对比图如图 8-3 所示，可以看出，几何校正后，图像间的旋转和尺度差异已经被消除。之后根据特征点在校正后图像上的地理坐标预测其同名点在参考图像上所对应的位置，选取预测区域来进行同名点匹配。

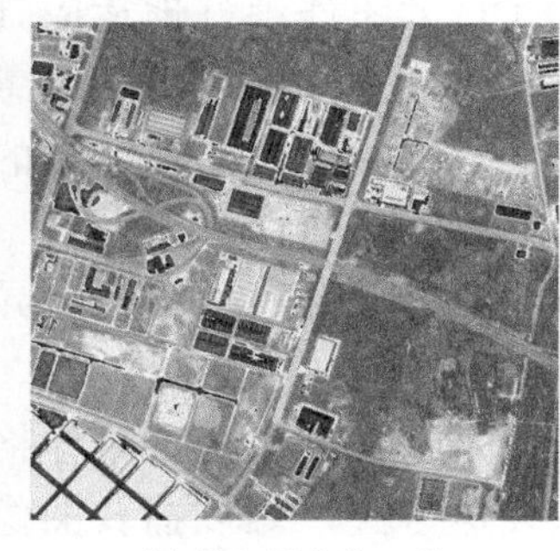

(a) 输入影像校正前

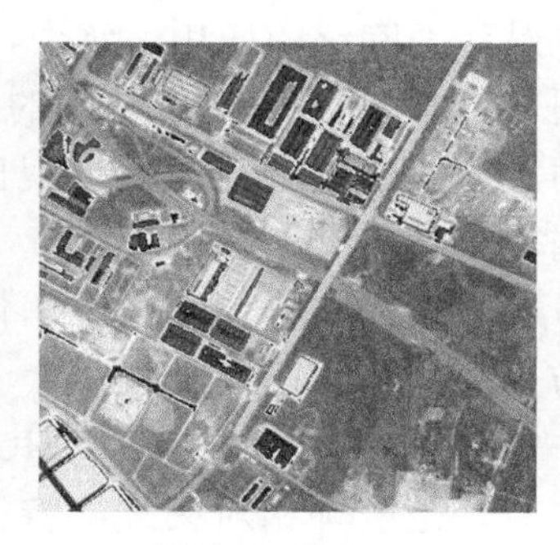

(b) 输入影像校正后

(c) 参考影像

图 8-3　局部几何纠正前后对比

特别地，若输入图像经过地理校正，则直接在输入图像上根据空间坐标信息选取设定大小的区域，并以参考图像的分辨率为基准对预测区域进行重采样实现粗配准。若输入图像为未经过地理校正但携带 RPC 参数的卫星图像，则进行上述介绍的局部几何纠正，采用 RFM 模型预测初始特征点的图像坐标，然后再以参考图像的分辨率为基准并采用 RFM 模型对预测区域进行局部几何纠正，消除旋转和尺度差异，以实现图像间的局部图像粗配准。

8.2　基于结构相似性的精配准

经过局部几何校正处理后，可以消除图像间全局的几何畸变，使图像间仅存在一定量的平移差异。于是，多模态图像匹配的主要难点就是图像间显著的非线性辐射差异。本节的主要内容是介绍该系统的精配准部分，利用结构相似性模板匹配框架来实现多模态图像间的精确配准，本节内容以第 7 章的内容为基础理论支撑。

8.2.1　特征点匹配

目前多模态遥感图像匹配方法主要可以分为基于特征的匹配方法和基于区域的匹配方法。基于特征的匹配方法中，SIFT 算法与 SURF 算法都是基于图像的局部不变特征，局部不变特征具有良好的稳定性和匹配精度，但在多模态遥感图像中，局部不变特征的提取区域小，对图像信息的使用有限，在多模态遥感图像匹配领域的应用有一定的局限性。基于区域的方法中，通常利用图像的灰度信息，建立两幅图像之间的相似性度量并选择某种搜索策略进行图像的匹配。常用的相似性度量中，NCC 作为一种经典的相似性度量方法，因其对线性变化具有良好的稳定性，在遥感图像匹配中得到了广泛的应用。然而，NCC 并不能很好地适应具有复杂强度变化的多模态图像。MI 描述了图像之间的统计相关性，在多模态遥感图像匹配领域取得了一定的成果。但 MI 自身所展现出的局部极值问题和庞大的计算量也限制了其适用范围。

研究表明，基于结构和形状的描述符在多模态图像匹配中对非线性辐射差异有较强的抵抗性，如梯度方向直方图(HOG)、相位一致性方向直方图(HOPC)、方向梯度特征通道(CFOG)等描述符。但是 HOG 和 HOPC 是在一个稀疏的采样格网(非逐像素)内进行特征构建，是一种相对稀疏的特征表达方式，难以捕获图像间精细的结构信息，并且其相似性度量的运算是在空间域进行，计算速度也较慢。CFOG 描述符则通过逐像素地提取结构特征，增强了其对于结构信息的细节表达能力，同时在频率域中利用快速傅里叶变换技术加速图像匹配，显著提高了其匹配性能及计算效率。因此，所研发的系统采用 CFOG 描述符提取图像间的几何结构特征，并在频率域实现同名点的快速精确匹配。

8.2.2 误差剔除和图像校正

由于多源卫星图像间因视角、大气条件等差异造成的影响，匹配获取的同名点对不可避免地存在错误同名点对，所以需要对匹配结果进一步优化，保证匹配结果的精度和可靠性。所研发的系统首先根据输入图像的空间信息选择粗差剔除方案，若输入图像经过地理校正，则直接采用 RANSAC 算法[126]建立投影变换模型进行粗差剔除，然后根据精化后的同名点用最小二乘法求解投影变换模型系数，即

$$\begin{cases} x' = \dfrac{l_1 x + l_2 y + l_3}{l_7 x + l_8 y + 1} \\ y' = \dfrac{l_4 x + l_5 y + l_6}{l_7 x + l_8 y + 1} \end{cases}, \quad \begin{vmatrix} l_1 & l_2 & l_3 \\ l_2 & l_5 & l_6 \\ l_7 & l_8 & 1 \end{vmatrix} \neq 0 \tag{8-1}$$

式中，(x,y) 和 (x',y') 分别表示同名点在输入图像和参考图像上的像素坐标，$l_1,\cdots,l_8$ 为投影变换模型系数。若输入图像未经过地理校正，则根据卫星图像之间的空间几何关系，采用 RANSAC 根据 RFM 模型进行粗差剔除。

对于输入图像携带 RPC 参数的情况，由于 RFM 模型通常包含系统误差，所以系统在 RFM 模型像方中添加仿射变换模型进行改正，改正后的模型可以写为

$$\begin{cases} x + \Delta x = x + a_0 + a_1 x + a_2 y = \mathrm{RFM}_x(P,L,H) \\ y + \Delta y = y + b_0 + b_1 x + b_2 y = \mathrm{RFM}_y(P,L,H) \end{cases} \tag{8-2}$$

式中，(x,y) 为输入图像的图像坐标，(P,L,H) 为参考图像的物方坐标，(a_0,a_1,a_2) 和 (b_0,b_1,b_2) 表示仿射变换模型系数。粗差剔除后，依据最小二乘法解算加入仿射变换模型系数。最后建立几何变换模型，对输入图像进行重采样并输出保存，实现输入图像与参考图像间的高精度快速配准。

8.3 系统软件对比分析

遥感图像处理领域主流的商用图像处理软件有 ENVI、ERDAS 和 PCI Geomatic 等，ENVI 是由美国 RSI 公司基于交互式数据语言 IDL 开发的遥感图像处理平台，其操作界面简洁清晰，包含齐全的遥感图像处理功能，能够充分提取图像中包含的信息，轻松地对各类遥感数据进行处理。ERDAS 是由美国 ERDAS 公司开发的遥感图像处理系统，它的主要特点为高度模块化，各项功能都集成在工具箱内，可以满足专业应用的需求。PCI Geomatic 是地理空间信息领域世界级的专业公司加拿大 PCI 公司的旗帜产品，由加拿大政府和加拿大遥感中心直接支

持，因而支持常见商用卫星的飞行轨道及传感器参数，能获得高精度的正射校正结果。

上述国际主流商用软件不断根据实际需求进行完善，都具有非常强大的遥感图像综合处理能力，并且分别都具有用于遥感图像自动配准的功能模块：Image Registration Workflow（ENVI）、AutoSync Workstation （ERDAS）和 OrthEngine-Automatic GCP Collection（PCI）。

8.3.1 实施方案

为了验证所研发的遥感图像配准系统的有效性，本节采用不同区域的多时相、多传感器的图像将我们研发的系统与上述著名的遥感图像处理软件 ENVI、ERDAS 以及 PCI Geomatic 进行配准实验对比，所使用对比的软件版本为 ENVI 5.3、ERDAS IMIGINE 2015 和 PCI Geamatica 2016。所研发的系统则基于 CFOG 算法，在 Visual Studio 2019 平台上采用 C++和 QT 编程实现。所有实验均在处理器 CPU i7-10750H、主频 2.60GHz、内存 16.00GB、Windows10 操作系统的计算机环境下进行。

基于实验数据，设计了两种方案进行对比分析，方案一：输入图像为经过地理校正的卫星图像，其实验图像如图 8-4 所示，所用图像为实验 1 和实验 2 的两组实验数据；方案二：输入图像未经过地理校正，但携带 RPC 参数的卫星图像，其实验图像如图 8-5 所示，所用图像是实验 3 和实验 4 的两组组实验数据。表 8-1 中列出了所有实验图像的详细信息。

(a) 实验 1 参考图像

(b) 实验 1 输入图像

(c) 实验 2 参考图像

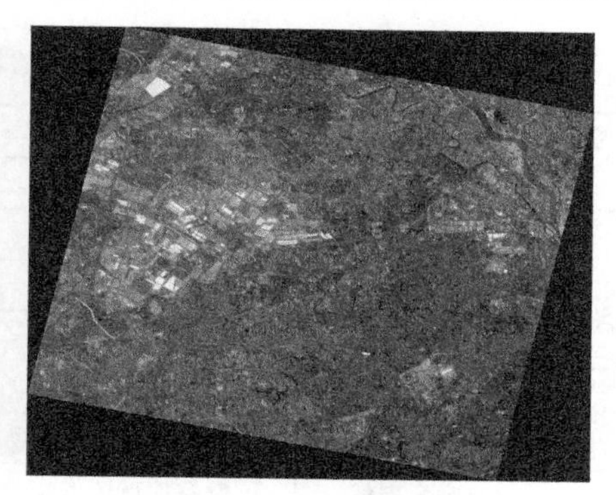

(d) 实验 2 输入图像

图 8-4　方案一实验图像

(a) 实验 3 参考图像

(b) 实验 3 输入图像

(c) 实验 4 参考图像

(d) 实验 4 输入图像

图 8-5　方案二实验图像

表 8-1　实验图像信息

实验方案及编号			图像类型	图像大小/像素	分辨率/m	时间/(年\月)
方案一	实验 1	参考图像	谷歌地球图像	17808×18973	1	2012\03
		输入图像	Quickbird 多光谱	6819×7193	2.4	2002\01
	实验 2	参考图像	高分 3 号，SAR	7751×7393	5	2018\03
		输入图像	高分 2 号，多光谱	9439×7851	4	2018\04
方案二	实验 3	参考图像	谷歌地球图像	28101×32342	0.5	2015\06
		输入图像	SuperView-1	19912×25595	0.5	2020\05
	实验 4	参考图像	谷歌地球图像	75928×80752	2	2013\05
		输入图像	高分 3 号，SAR	19529×26399	5	2020\10

在实验过程中，软件的参数设置会影响到图像匹配的效率和精度。在模板匹配的方法中，搜索窗口和模板窗口将影响到匹配的精度和效率，搜索窗口的大小需要大于匹配窗口大小，而模板窗口越大，匹配性能越稳定，但是需要时间越长。为了保证实验过程的公平性，在所有的系统中尽可能采用相同的实验参数，如特征点提取的数量统一设为 400 个，搜索窗口统一设为 200×200 像素，模板窗口统一设为 100×100 像素。在相似性测度的选取上，ENVI 提供了两种相似性度量来实现图像匹配，即归一化相关系数(NCC)和互信息(MI)；ERDAS 使用 NCC 检测同名点并使用基于金字塔的匹配技术来提高运行效率；PCI 提供了 NCC 和快速傅里叶变换相位匹配(fast Fourier transform phase matching，FFTP)来进行匹配。为了比较采用不同相似性测度进行匹配的效率，在 ENVI 中选择 NCC 和 MI 作为相似性测度，分别记为 ENVI-NCC 和 ENVI-MI；ERDAS 默认采用 NCC，记为 ERDAS-NCC；在 PCI 中使用 FFTP，记为 PCI-FFTP，以对比不同相似性测度对各种多模态图像配准结果的差异。

实验从配准性能和计算效率上对结果进行分析，配准性能方面将以不同系统的同名点数量，匹配正确率和均方根误差(RMSE)作为衡量的标准，并记录配准过程的运行时间来评定不同匹配方法的计算效率。RMSE 表示整体配准的精度，通过在配准后的图像间手动选取 50 个检查点进行计算。

8.3.2　方案一对比分析

表 8-2 为列出了所有系统在方案一实验图像上的正确匹配点对、匹配正确率、匹配耗时和 RMSE。可以看出，所研发的系统在两组实验的配准中均取得了最优的表现，这说明了该系统的有效性。而由于每组图像间存在差异，不同软件系统中每组图像的配准结果也有所不同。

在实验 1 中，ENVI-NCC 的正确匹配点数量为 51 对，匹配正确率仅为 12.75%，其匹配性能对比其他软件较差，从表 8-1 中的实验数据信息进行分析可以得出，实验 1 中的参考图像和输入图像间的时相差异为 10 年，即时相和灰度差异较大，致使 ENVI-NCC 匹配出的正确匹配点对较少。ENVI-MI 和 ERDAS-NCC 在实验 1 中的正确匹配点对分别为 155 对和 126 对，其匹配性能大致相当。ERDAS 在实验 1 中的正确匹配点数量略低于 ENVI-MI，显著高于 ENVI-NCC，这与 ERDAS 采用了金字塔匹配的策略增强了匹配的鲁棒性有关。PCI-FFTP 和所研发的配准系统在实验 1 的正确匹配点对分别为 218 对和 338 对，匹配正确率分别为 54.50%和 84.50%，明显优于 ENVI-MI、ENVI-NCC 和 ERDAS 的匹配结果。而在实验 2 的匹配实验中，ENVI-NCC 和 PCI-FFTP 匹配失败，ERDAS-NCC 即使采用了金字塔的策略，也仅匹配出了 30 对同名点，且 RMSE 较大。ENVI-MI 和所研发的系统分别能匹配出 126 和 277 对同名点，匹配正确率分别为 31.50%和 69.25%。究其原因是 NCC 和相位相关的方法对于多模态图像间的非线性辐射差异较为敏感，MI 对于非线性辐射差异有一定的抵抗能力，但其性能比不上 CFOG，因为 CFOG 描述符逐像素地提取了图像间邻域的结构特征，增强了描述符对结构信息的细节表达能力，故所研发的系统能够有效抵抗图像间的光照和灰度差异。

表 8-2　方案一匹配结果对比

方案一	系统	正确匹配点对	匹配正确率/%	匹配耗时/s	RMSE/像素
实验 1	ENVI-NCC	51	12.75	16.51	2.51
	ENVI-MI	155	38.75	201.49	1.91
	ERDAS-NCC	126	31.50	35.23	2.02
	PCI-FFTP	218	54.50	8.98	1.64
	所研发的系统	338	84.50	20.89	0.99
实验 2	ENVI-NCC	Failed	Failed	Failed	Failed
	ENVI-MI	126	31.50	384.26	2.23
	ERDAS-NCC	30	7.50	43.51	4.29
	PCI-FFTP	Failed	Failed	Failed	Failed
	所研发的系统	277	69.25	13.51	1.83

各软件系统的匹配时间同样如表 8-2 所示，由于 MI 需要计算模板间的联合直方图，计算量较大，所以 ENVI-MI 系统的匹配效率最低，匹配花费时间都在上百秒。ENVI-NCC 和 PCI-FFTP 的匹配时间花费较少，这是因为 NCC 的计算方式较为简单，而相位相关的方法能在频率域使用快速傅里叶变换技术加速匹配，但是它们都只能匹配灰度差异较小的图像。相比之下，ERDAS-NCC 采用金字塔的加速匹配策略，因此耗时也较少，性能比 ENVI-NCC 有提升。由于所研发的系统在

频率域中利用快速傅里叶变换技术加速图像匹配，显著提高了其匹配性能及计算效率。以上实验验证了在所对比的软件系统中，所研发的系统不仅匹配正确率最高，而且计算效率较高。

为了定性地验证所研发系统的匹配性能，图 8-6 和图 8-7 展示了该系统在方案一图像上检测到的同名点。对于实验 1 图像，虽然参考图像和输入图像之间时相差异超过十年，但获取的同名点在图像上分布均匀，定位精度较高(图 8-6(c)和(d))，只有在一些突增了许多建筑物的区域由于图像变化太大没有匹配出同名点。对于实验 2 图像，即使参考和输入图像之间的非线性辐射差异十分显著，获取的同名点在图像上依然分布均匀，且定位精度也较高(图 8-7(c)和(d))。

(a)参考图像上匹配的同名点

(b)输入图像上匹配的同名点

(c)第 153 号同名点

(d)第 244 号同名点

图 8-6　实验 1 匹配的同名点

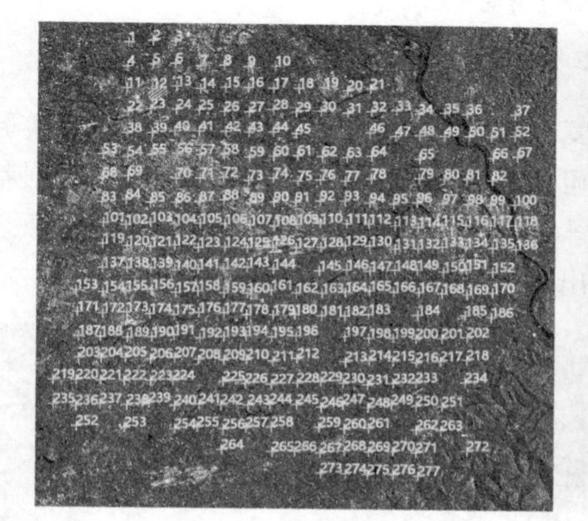

(a)参考图像上匹配的同名点

(b)输入图像上匹配的同名点

(c)第 122 和 123 号同名点

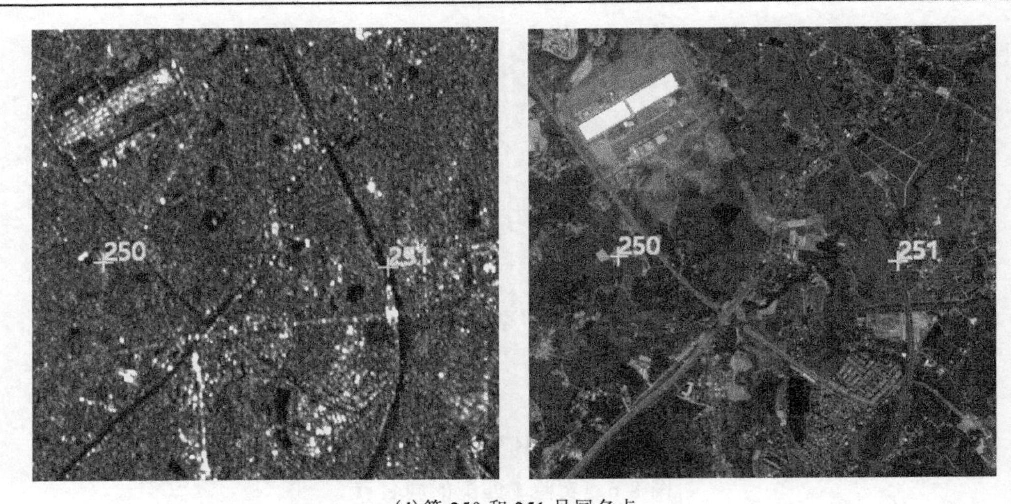

(d) 第 250 和 251 号同名点

图 8-7　实验 2 匹配的同名点

为了进一步展现所研发系统的高精度配准结果，图 8-8 给出了方案一实验图像配准前后部分区域的卷帘显示对比，可以看出，该系统对于方案一的数据都能实现精确的配准，尤其是对于实验 2 数据的配准，由于光学图像和 SAR 图像之间的辐射差异很大，甚至人眼都很难选取出同名点来进行该组数据的配准。

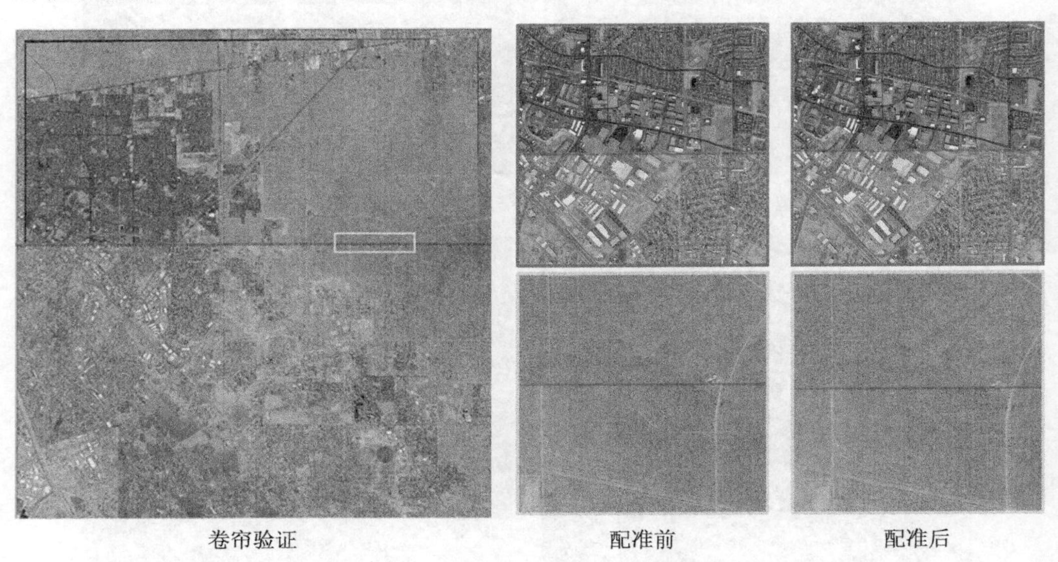

(a) 实验 1

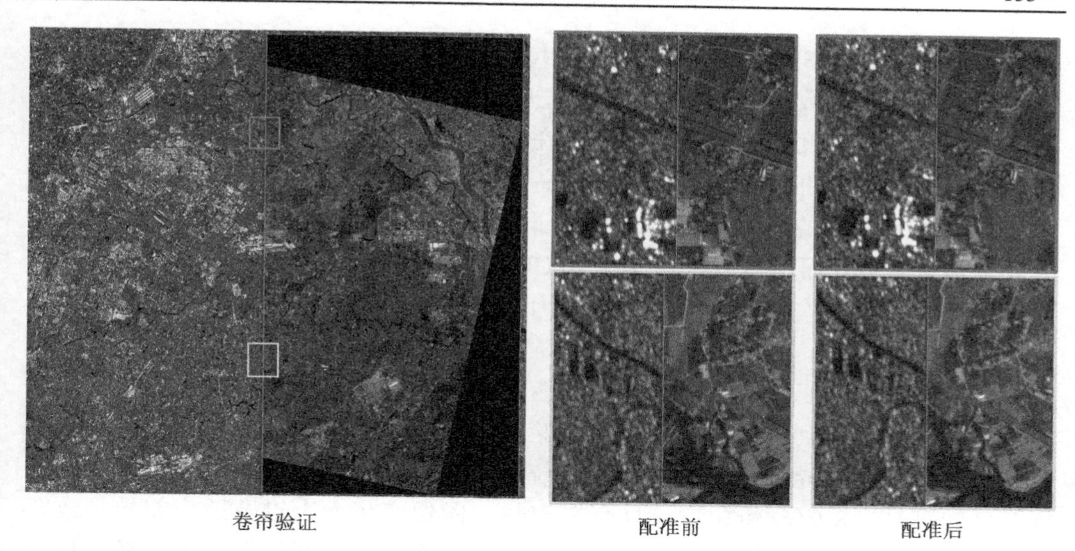

(b) 实验 2

图 8-8　方案一实验图像配准结果卷帘验证

8.3.3　方案二对比分析

由于 ERDAS 和 PCI Geomatic 不具有基于卫星图像 RPC 参数的自动配准模块(这里以×表示没有该类数据的配准功能)，ENVI 软件中仅使用了 NCC 方法对附带 RPC 参数的卫星图像进行匹配，这里以 ENVI-NCC 表示，将其与所研发的系统进行对比(表 8-3)。

表 8-3　方案二匹配结果对比

方案二	系统	正确匹配点对	匹配正确率/%	匹配耗时/s	RMSE/像素
实验 3	ENVI-NCC	93	23.25	24.81	2.35
	ERDAS-NCC	×	×	×	×
	PCI-FFTP	×	×	×	×
	所研发的系统	278	69.50	20.12	0.98
实验 4	ENVI-NCC	Failed	Failed	Failed	Failed
	ERDAS-NCC	×	×	×	×
	PCI-FFTP	×	×	×	×
	所研发的系统	221	55.25	29.87	1.41

从表 8-3 可以看出，所研发的系统在方案二中的两组实验中依然取得了最好的匹配结果，ENVI-NCC 在实验 3 中的匹配正确率依然较低，仅为 23.25%，在实

验 4 的光学图像和 SAR 图像中，ENVI-NCC 直接匹配失败。而所研发的系统在实验 3 的正确匹配点数量是 221 对，匹配正确率为 69.50%，匹配速度比 ENVI-NCC 略快，而且配准精度具有明显的优势。在实验 4 中，ENVI-NCC 直接没有匹配出同名点，而所研发的系统依然能保持较高的 RMSE 和匹配效率，匹配正确率达到 55.25%。同方案一的分析类似，这是由于 NCC 不能有效地抵抗多模态图像间的非线性辐射差异，而所研发的系统采用 CFOG 描述符逐像素地刻画图像的结构特征，增强了其对结构信息的细节表达能力，使得该系统能够有效抵抗图像间的非线性辐射差异。

为了定性地验证所提方法的匹配性能，图 8-9 和图 8-10 展示了所研发系统在方案二图像上检测到的同名点。对于实验 3 图像，虽然参考图像和输入图像之间存在一定的时相差异和几何形变，该系统获取的同名点在图像上分布均匀，且定位精度较高(图 8-9(c)和(d))，只有在一些由图像变化太大以及地形差异导致匹配出来的同名点误差较大被剔除。对于实验 4 图像，参考图像和输入图像不仅存在显著的非线性辐射差异，并且全局的几何形变也十分显著，与参考图像对应区域存在反转的现象，在该组实验数据上所研发的系统依旧能稳定地提取出分布均匀的同名点，且定位精度较高(图 8-10(c)和(d))。这些结果定性地验证了该系统所设计的粗配准和精配准过程对于带 RPC 参数的多模态图像的匹配是有效的。具体来说，基于有理函数模型的空间几何约束粗配准能够有效地消除图像间存在的几何畸变，基于结构特征的 CFOG 描述符对图像间的非线性辐射差异具有很强的鲁棒性。

(a)参考图像上匹配的同名点

(b)输入图像上匹配的同名点

(c)第 74 号同名点

(d)第 158 号同名点

图 8-9　实验 3 匹配的同名点

(a)参考图像上匹配的同名点

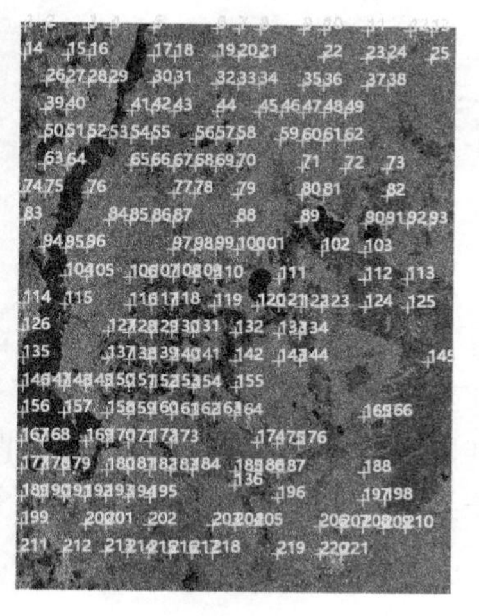

(b)输入图像上匹配的同名点

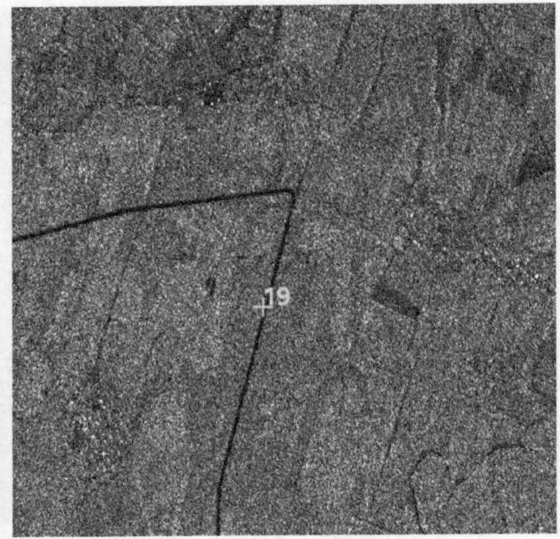

(c) 第 19 号同名点

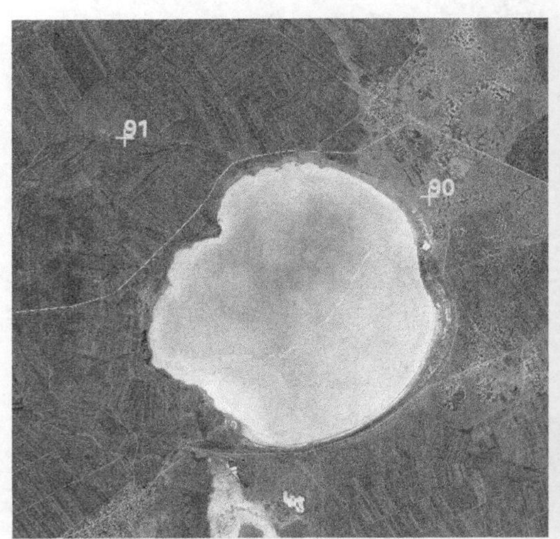

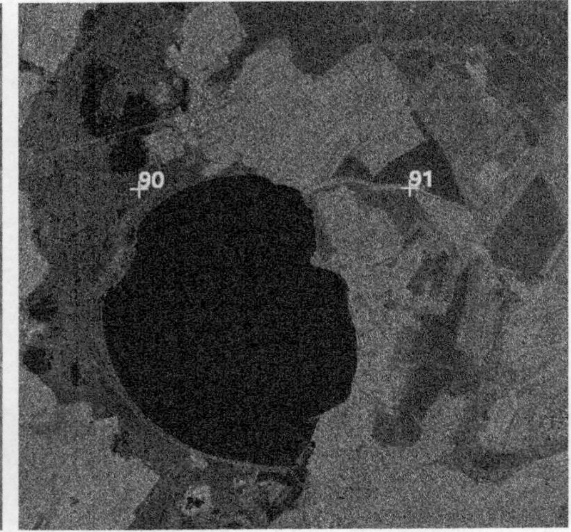

(d) 第 90 和 91 号同名点

图 8-10　实验 4 匹配的同名点

为了进一步展现所研发系统的配准结果，图 8-11 给出了方案二实验图像配准前后部分区域的卷帘显示对比，可以看出，该系统对于方案二的数据都能实现精确配准，尤其是对于实验 4 数据的配准，由于光学图像和 SAR 图像之间的非线性辐射差异和全局几何形变较大，甚至人眼都很难选取出同名点来实现该组数据的配准。

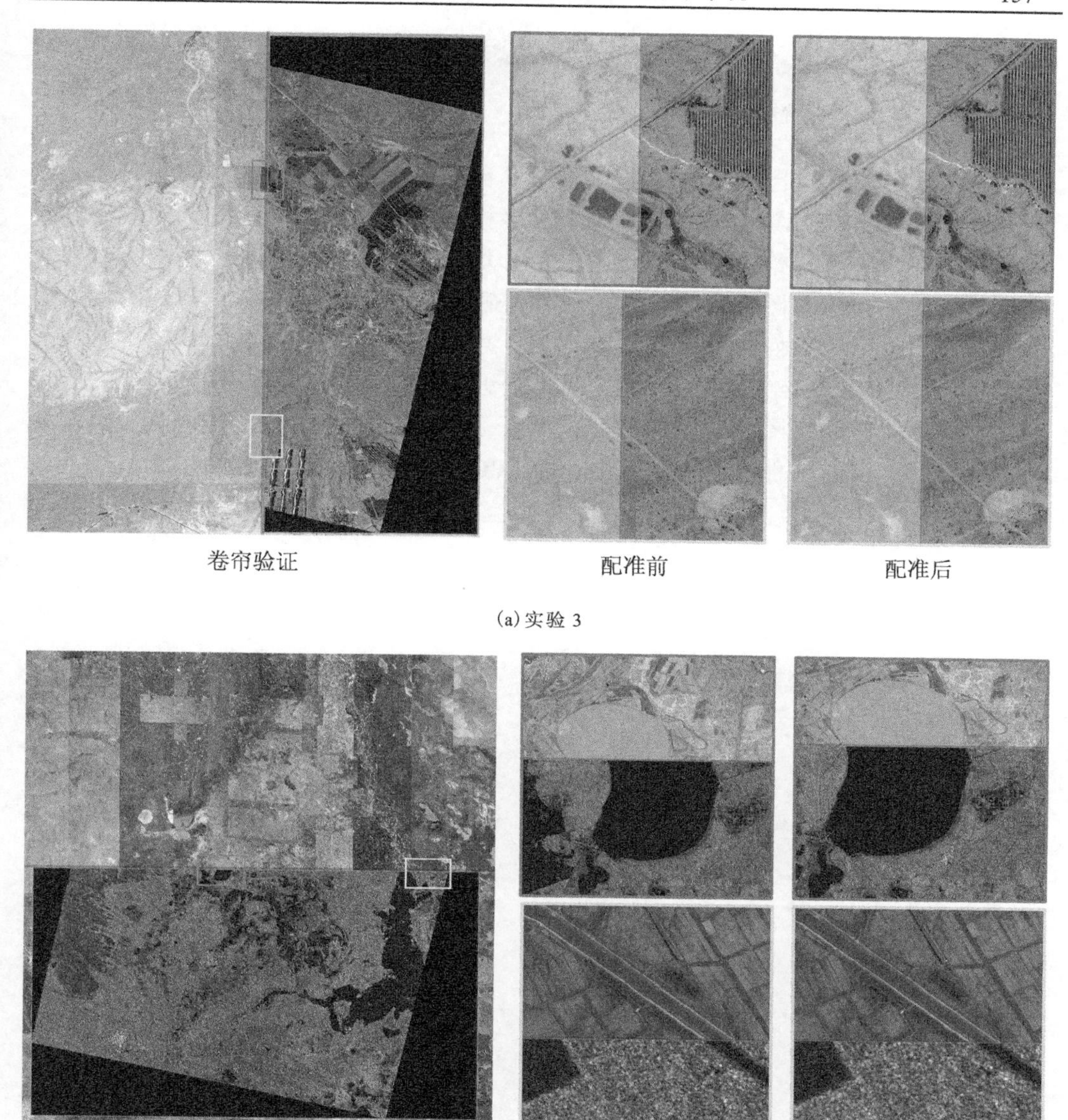

图 8-11　方案二实验图像配准结果卷帘验证

8.4　本 章 小 结

本章介绍了一套自主研发的多模态图像自动配准系统，其可以快速鲁棒地实现可见光、红外、SAR 和 LiDAR 等多种多模态图像的自动配准。该系统设计了一种由粗到精的配准策略，关键技术包括分块特征点提取、局部几何纠正、特征点匹配、误差剔除和图像校正。首先利用遥感图像带有地理参考信息的特点，设计了一种基于空间几何约束的粗配准方法，可以有效地消除图像间明显的尺度和旋转差异，然后采用自主创新的 CFOG 算法进行模板匹配，实现图像间的精配准。通过多组多模态遥感图像的相关实验，验证了该系统在配准精度方面优于目前国际主流的遥感商业软件(ENVI、ERDAS 和 PCI)，具有工程化应用的潜力。

参考文献

[1] 朱述龙, 张占睦. 遥感图像获取与分析. 北京: 科学出版社, 2000.

[2] 孙家抦. 遥感原理与应用. 武汉: 武汉大学出版社, 2003.

[3] Ye Y. Fast and robust registration of multimodel remote sensing images via dense orientated gradient feature. International Archives of the Photogrammetry, Remote Sensing and Spatial Information Sciences, 2017, 42: 1009-1015.

[4] Zitova B, Flusser J. Image registration methods: a survey. Image and Vision Computing, 2003, 21(11): 977-1000.

[5] Brown L G. A survey of image registration techniques. ACM Computing Surveys, 1992, 24(4): 325-376.

[6] Pluim J P W, Maintz J B A, Viergever M A. Mutual-information-based registration of medical images: a survey. IEEE Transactions on Medical Imaging, 2003, 22(8): 986-1004.

[7] Fu Y, Lei Y, Wang T, et al. Deep learning in medical image registration: a review. Physics in Medicine Biology, 2020, 65(20): 20TR01.

[8] Feng R, Shen H, Jianjun B, et al. Advances and opportunities in remote sensing image geometric registration: a systematic review of state-of-the-art approaches and future research directions. IEEE Geoscience Remote Sensing Magazine, 2021, 9(4): 120-142.

[9] Paul S, Pati U C. A comprehensive review on remote sensing image registration. International Journal of Remote Sensing, 2021, 42(14): 5400-5436.

[10] Zhang H, Lei L, Ni W, et al. Optical and SAR image matching using pixelwise deep dense features. IEEE Geoscience Remote Sensing Letters, 2020, 19: 1-5.

[11] 张登荣, 俞乐, 蔡志刚. 点特征和小波金字塔技术的遥感图像快速匹配技术. 浙江大学学报: 理学版, 2007, 34(4): 465-468.

[12] Viola P, Wells I W M. Alignment by maximization of mutual information. International Journal of Computer Vision, 1997, 24(2): 137-154.

[13] Hel-Or Y, Hel-Or H, David E. Fast template matching in non-linear tone-mapped images// IEEE International Conference on Computer Vision, 2011: 1355-1362.

[14] 张登荣, 蔡志刚, 俞乐. 基于匹配的遥感影像自动纠正方法研究. 浙江大学学报: 工学版, 2007, 41(3): 402-406.

[15] Yu L, Zhang D R, Holden E J. A fast and fully automatic registration approach based on point

features for multi-source remote-sensing images. Computers and Geosciences, 2008, 34(7): 838-848.

[16] Ma J L, Chan J C W, Canters F. Fully automatic subpixel image registration of multiangle CHRIS/Proba data. IEEE Transactions on Geoscience and Remote Sensing, 2010, 48(7): 2829-2839.

[17] Hel-Or Y, Hel-Or H, David E. Matching by tone mapping: photometric invariant template matching. IEEE Transactions on Pattern Analysis and Machine Intelligence, 2013, 36(2): 317-330.

[18] Suri S, Reinartz P. Mutual-information-based registration of terraSAR-X and ikonos imagery in urban areas. IEEE Transactions on Geoscience and Remote Sensing, 2010, 48(2): 939-949.

[19] Ghorbani H, Beheshti A A. Multiresolution registration of multitemporal remote sensing images by optimization of mutual information using a simulated annealing based marquardt-levenberg technique//ICIAS 2007: International Conference on Intelligent and Advanced Systems, 2007, 1-3: 685-690.

[20] Fan X F, Rhody H E. A spatial feature enhanced MMI algorithm for multi-modal wild-fire image registration//The 37th IEEE Applied Imagery Pattern Recognition Workshop, 2008: 51-55.

[21] Kuglin D C, Hines D C. The phase correlation image alignment method// IEEE Conference on Cybernetics and Society, 1975.

[22] Reddy B S, Chatterji B N. An FFT-based technique for translation, rotation, and scale-invariant image registration. IEEE Transactions on Image Processing, 1996, 5(8): 1266-1271.

[23] Foroosh H, Zerubia J B, Berthod M. Extension of phase correlation to subpixel registration. IEEE Transactions on Image Processing, 2002, 11(3): 188-200.

[24] 吴军, 曹延生, 杨海生, 等. 无人艇载高清多光谱影像配准. 遥感学报, 2012, 16(3): 625-643.

[25] Tong X, Ye Z, Xu Y, et al. Image registration with Fourier-based image correlation: a comprehensive review of developments and applications. IEEE Journal of Selected Topics in Applied Earth Observations Remote Sensing, 2019, 12(10): 4062-4081.

[26] Wan X, Liu J G, Li S, et al. Phase correlation decomposition: the impact of illumination variation for robust subpixel remotely sensed image matching. IEEE Transactions on Geoscience Remote Sensing, 2019, 57(9): 6710-6725.

[27] Dalal N, Triggs B. Histograms of oriented gradients for human detection// Computer Vision and Pattern Recognition, 2005: 886-893.

[28] Shechtman E, Irani M. Matching local self-similarities across images and videos//IEEE Conference on Computer Vision and Pattern Recognition, 2007: 1-8.

[29] Alefs B, Eschemann G, Ramoser H, et al. Road sign detection from edge orientation histograms// 2007 IEEE Intelligent Vehicles Symposium, 2007: 993-998.

[30] Ye Y, Shan J, Bruzzone L, et al. Robust registration of multimodal remote sensing images based on structural similarity. IEEE Transactions on Geoscience and Remote Sensing, 2017, 55(5): 2941-2958.

[31] Ye Y, Shen L. Hopc: a novel similarity metric based on geometric structural properties for multi-modal remote sensing image matching. ISPRS Annals of the Photogrammetry, Remote Sensing Spatial Information Sciences, 2016, 3: 9-15.

[32] Fan J, Wu Y, Li M, et al. SAR and optical image registration using nonlinear diffusion and phase congruency structural descriptor. IEEE Transactions on Geoscience and Remote Sensing, 2018, 56(9): 5368-5379.

[33] Ye Y, Bruzzone L, Shan J, et al. Fast and robust matching for multimodal remote sensing image registration. IEEE Transactions on Geoscience and Remote Sensing, 2019, 57(11): 9059-9070.

[34] 张继贤, 李国胜, 曾钰. 多源遥感影像高精度自动配准的方法研究. 遥感学报, 2005, 9(1): 73-77.

[35] Li Q L, Wang G Y, Liu J G, et al. Robust scale-invariant feature matching for remote sensing image registration. IEEE Geoscience and Remote Sensing Letters, 2009, 6(2): 287-291.

[36] Li H, Manjunath B, Mitra S K. A contour-based approach to multisensor image registration. IEEE Transactions on Image Processing, 1995, 4(3): 320-334.

[37] Cao S, Jiang J, Zhang G, et al. An edge-based scale-and affine-invariant algorithm for remote sensing image registration. International Journal of Remote Sensing, 2013, 34(7): 2301-2326.

[38] Dare P, Dowman I. An improved model for automatic feature-based registration of SAR and SPOT images. ISPRS Journal of Photogrammetry Remote Sensing, 2001, 56(1): 13-28.

[39] Goncalves H, Corte-Real L, Goncalves J A. Automatic image registration through image segmentation and SIFT. IEEE Transactions on Geoscience and Remote Sensing, 2011, 49(7): 2589-2600.

[40] Kelman A, Sofka M, Stewart C V. Keypoint descriptors for matching across multiple image modalities and non-linear intensity variations//IEEE Conference on Computer Vision and Pattern Recognition, 2007: 3257-3263.

[41] Moravec H P. Obstacle avoidance and navigation in the real world by a seeing robot rover.

Stanford: Stanford University, 1980.

[42] Forstner W, Gulch E. A fast operator for detection and precise location of distinct points, corners and centres of circular features//ISPRS Intercommission Conference on Fast Processing of Photogrammetric Data, 1987: 281-305.

[43] Harris C, Stephens M. A combined corner and edge detector//Alvey Vision Conference, 1988: 147-151.

[44] Smith S M, Brady J M. SUSAN: a new approach to low level image processing. International Journal of Computer Vision, 1997, 23(1): 45-78.

[45] Lindeberg T. Scale-space theory: a basic tool for analyzing structures at different scales. Journal of Applied Statistics, 1994, 21(1-2): 225-270.

[46] Lindeberg T. Feature detection with automatic scale selection. International Journal of Computer Vision, 1998, 30(2): 79-116.

[47] Mikolajczyk K, Schmid C. Indexing based on scale invariant interest points. Proceedings of 8th IEEE International Conference on Computer Vision, 2001, 1: 525-531.

[48] Mikolajczyk K, Tuytelaars T, Schmid C, et al. A comparison of affine region detectors. International Journal of Computer Vision, 2005, 65(1-2): 43-72.

[49] Lowe D G. Object recognition from local scale-invariant features//The Proceedings of the 7th IEEE International Conference on Computer Vision, 1999: 1150-1157.

[50] Lowe D G. Distinctive image features from scale-invariant keypoints. International Journal of Computer Vision, 2004, 60(2): 91-110.

[51] Mikolajczyk K, Schmid C. Scale and affine invariant interest point detectors. International Journal of Computer Vision, 2004, 60(1): 63-86.

[52] Mikolajczyk K, Schmid C. A performance evaluation of local descriptors. IEEE Transactions on Pattern Analysis and Machine Intelligence, 2005, 27(10): 1615-1630.

[53] Matas J, Chum O, Urban M, et al. Robust wide-baseline stereo from maximally stable extremal regions. Image Vision Computing, 2004, 22(10): 761-767.

[54] Rosten E, Drummond T. Machine learning for high-speed corner detection//Computer Vision: ECCV 2006, 2006: 430-443.

[55] Alahi A, Ortiz R, Vandergheynst P. Freak: fast retina keypoint//2012 IEEE Conference on Computer Vision and Pattern Recognition, 2012: 510-517.

[56] Li J, Hu Q, Ai M. RIFT: multi-modal image matching based on radiation-variation insensitive feature transform. IEEE Transactions on Image Processing, 2019, 29: 3296-3310.

[57] Weixing W, Ting C, Sheng L, et al. Remote sensing image automatic registration on multi-scale harris-laplacian. Journal of the Indian Society of Remote Sensing, 2015, 43(3):

501-511.

[58] Zhu B, Ye Y, Zhou L, et al. Robust registration of aerial images and LiDAR data using spatial constraints and Gabor structural features. ISPRS Journal of Photogrammetry Remote Sensing, 2021, 181: 129-147.

[59] 李晓明, 郑链, 胡占义. 基于 SIFT 特征的遥感影像自动配准. 遥感学报, 2006, 10(6): 885-892.

[60] Yi Z, Zhi C Z, Yang X. Multi-spectral remote image registration based on SIFT. Electronics Letters, 2008, 44(2): 107-108.

[61] Sedaghat A, Mokhtarzade M, Ebadi H. Uniform robust scale-invariant feature matching for optical remote sensing images. IEEE Transactions on Geoscience and Remote Sensing, 2011, 49(11): 4516-4527.

[62] Sedaghat A, Ebadi H. Remote sensing image matching based on adaptive binning SIFT descriptor. IEEE Transactions on Geoscience Remote Sensing, 2015, 53(10): 5283-5293.

[63] Belongie S, Malik J, Puzicha J. Shape matching and object recognition using shape contexts. IEEE Transactions on Pattern Analysis Machine Intelligence, 2002, 24(4): 509-522.

[64] Bay H, Tuytelaars T, van Gool L. SURF: speeded up robust features. Computer Vision: ECCV 2006, 2006, 3951: 404-417.

[65] Bay H, Ess A, Tuytelaars T, et al. Speeded-up robust features (SURF). Computer Vision and Image Understanding, 2008, 110(3): 346-359.

[66] Rublee E, Rabaud V, Konolige K, et al. ORB: an efficient alternative to SIFT or SURF//2011 International Conference on Computer Vision, 2011: 2564-2571.

[67] Zagoruyko S, Komodakis N. Learning to compare image patches via convolutional neural networks//Proceedings of the IEEE Conference on Computer Vision and Pattern Recognition, 2015: 4353-4361.

[68] Yi K M, Trulls E, Lepetit V, et al. Lift: learned invariant feature transform//European Conference on Computer Vision, 2016: 467-483.

[69] Melekhov I, Kannala J, Rahtu E. Siamese network features for image matching//2016 23rd International Conference on Pattern Recognition (ICPR), 2016: 378-383.

[70] Merkle N, Luo W, Auer S, et al. Exploiting deep matching and SAR data for the geo-localization accuracy improvement of optical satellite images. Remote Sensing, 2017, 9(6): 586.

[71] Hughes L H, Schmitt M, Mou L, et al. Identifying corresponding patches in SAR and optical images with a pseudo-siamese CNN. IEEE Geoscience Remote Sensing Letters, 2018, 15(5): 784-788.

[72] Li L, Han L, Ding M, et al. A deep learning semantic template matching framework for remote sensing image registration. ISPRS Journal of Photogrammetry Remote Sensing, 2021, 181: 205-217.

[73] Merkle N, Auer S, Müller R, et al. Exploring the potential of conditional adversarial networks for optical and SAR image matching. IEEE Journal of Selected Topics in Applied Earth Observations Remote Sensing, 2018, 11(6): 1811-1820.

[74] Hughes L H, Schmitt M, Zhu X X. Mining hard negative samples for SAR-optical image matching using generative adversarial networks. Remote Sensing, 2018, 10(10): 1552.

[75] Wang S, Quan D, Liang X, et al. A deep learning framework for remote sensing image registration. ISPRS Journal of Photogrammetry and Remote Sensing, 2018, 145: 148-164.

[76] 蓝朝桢，卢万杰，于君明，等. 异源遥感影像特征匹配的深度学习算法. 测绘学报，2021, 50(2): 189-212.

[77] Cui S, Ma A, Zhang L, et al. MAP-Net: SAR and optical image matching via image-based convolutional network with attention mechanism and spatial pyramid aggregated pooling. IEEE Transactions on Geoscience Remote Sensing, 2022, 60: 1-13.

[78] Gonzalez R C, Woods R E, Masters B R. Digital image processing. Journal of Biomedical Optics, 2009, 14(2): 029901.

[79] Canny J. A computational approach to edge detection. IEEE Transactions on Pattern Analysis Machine Intelligence, 1986(6): 679-698.

[80] 王洪申，张翔宇，豆永坤，等. 图像边缘检测效果的边缘连续性评价算法. 计算机工程与应用, 2018, 54(16): 192-196.

[81] 张剑清，潘励，王树根. 摄影测量学. 武汉：武汉大学出版社,2003.

[82] Grün A, Remondino F, Zhang L. Photogrammetric reconstruction of the great Buddha of Bamiyan, Afghanistan. The Photogrammetric Record, 2004, 19(107): 177-199.

[83] Rosten E, Porter R, Drummond T. Faster and better: a machine learning approach to corner detection. IEEE Transactions on Pattern Analysis Machine Intelligence, 2008, 32(1): 105-119.

[84] 李芳芳，肖本林，贾永红，等. SIFT 算法优化及其用于遥感影像自动配准. 武汉大学学报：信息科学版, 2009, 34(10): 1245-1249.

[85] Tuytelaars T, van Gool L. Content-based image retrieval based on local affinely invariant regions// International Conference on Advances in Visual Information Systems, 1999: 493-500.

[86] Tuytelaars T, van Gool L. Matching widely separated views based on affine invariant regions. International Journal of Computer Vision, 2004, 59(1): 61-85.

[87] Kadir T, Zisserman A, Brady M. An affine invariant salient region detector//European Conference on Computer Vision, 2004: 228-241.

[88] Tuytelaars T, Mikolajczyk K. Local invariant feature detectors: a survey. New York: Now Publishers Inc,2008.

[89] Aanæs H, Dahl A L, Pedersen K S. Interesting interest points. International Journal of Computer Vision, 2012, 97(1): 18-35.

[90] Schmid C, Mohr R, Bauckhage C. Evaluation of interest point detectors. International Journal of Computer Vision, 2000, 37(2): 151-172.

[91] Witkin A P. Scale-space filtering. International Journal of Computer Vision, 1983: 1019-1023.

[92] Koenderink J J. The structure of images. Biological Cybernetics, 1984, 50(5): 363-370.

[93] Babaud J, Witkin A P, Baudin M, et al. Uniqueness of the Gaussian kernel for scale-space filtering. IEEE Transactions on Pattern Analysis Machine Intelligence, 1986(1): 26-33.

[94] Lindeberg T. Scale-space for discrete signals. IEEE Transactions on Pattern Analysis Machine Intelligence, 1990, 12(3): 234-254.

[95] Calonder M, Lepetit V, Strecha C, et al. Brief: binary robust independent elementary features// European Conference on Computer Vision, 2010: 778-792.

[96] Oppenheim A V, Lim J S. The importance of phase in signals. Proceedings of the IEEE, 1981, 69(5): 529-541.

[97] Morrone M C, Ross J, Burr D C, et al. Mach bands are phase dependent. Nature, 1986, 324(6094): 250-253.

[98] Morrone M C, Owens R A. Feature detection from local energy. Pattern Recognition Letters, 1987, 6(5): 303-313.

[99] Venkatesh S, Owens R. An energy feature detection scheme//IEEE International Conference on Image Processing, 1989.

[100]Kovesi P. Invariant measures of image features from phase information. Perth: University of Western Australia, 1996.

[101]Kovesi P. Image features from phase congruency. Journal of Computer Vision Research, 1999, 1(3): 1-26.

[102]Morlet J, Arens G, Fourgeau E, et al. Wave propagation and sampling theory part II: sampling theory and complex waves. Geophysics, 1982, 47(2): 222-236.

[103]Moreno P, Bernardino A, Santos-Victor J. Improving the SIFT descriptor with smooth derivative filters. Pattern Recognition Letters, 2009, 30(1): 18-26.

[104]李宇森. 基于多层 B 样条和 L2 正则化的图像配准方法研究. 济南: 山东大学, 2017.

[105]巩丹超，张永生. 有理函数模型的解算与应用. 测绘学院学报, 2003, 20(1): 39-42.
[106]孙冬梅，裘正定. 利用薄板样条函数实现非刚性图像匹配算法. 北京：北京交通大学, 2002.
[107]汪军. 基于 B 样条和互信息的非刚性医学图像配准的研究与应用. 太原：太原理工大学, 2017.
[108]王学平. 遥感图像几何校正原理及效果分析. 计算机应用与软件, 2008, 25(9): 102-105.
[109]武汉大学测绘学院测量平差学科组. 误差理论与测量平差基础. 武汉：武汉大学出版社,2003.
[110]曲天伟，安波，陈桂兰. 改进的 RANSAC 算法在图像配准中的应用. 计算机应用, 2010, 30(7): 1849-1851.
[111]凌志刚，梁彦，潘泉，等. 一种鲁棒的红外与可见光多级景象匹配算法. 航空学报, 2010, 31(6): 1185-1195.
[112]Kaneva B, Torralba A, Freeman W T. Evaluation of image features using a photorealistic virtual world// 2011 International Conference on Computer Vision, 2011: 2282-2289.
[113]Winder S, Hua G, Brown M. Picking the best daisy//2009 IEEE Conference on Computer Vision and Pattern Recognition, 2009: 178-185.
[114]Heikkila M, Pietikainen M, Schmid C. Description of interest regions with center-symmetric local binary patterns. Pattern Recognition, 2006, 4338: 58-69.
[115]Hauagge D C, Snavely N. Image matching using local symmetry features//2012 IEEE Conference on Computer Vision and Pattern Recognition, 2012: 206-213.
[116]冈萨雷斯. 数字图像处理. 2 版. 北京：电子工业出版社, 2007.
[117]Yuanxin Y, Jie S, Lorenzo B, et al. Robust registration of multimodal remote sensing images based on structural similarity. IEEE Transactions and Geoscience Remote Sensing, 2017, 55(5): 2941-2958.
[118]叶沅鑫，单杰，彭剑威. 利用局部自相似进行多光谱遥感图像自动配准. 测绘学报, 2014, 43(3): 268-275.
[119]Pluim J, Maintz J, Viergever M. Image registration by maximization of combined mutual information and gradient information//Medical Image Computing and Computer-Assisted Intervention, 2000: 103-129.
[120]Heinrich M P, Jenkinson M, Bhushan M, et al. MIND: modality independent neighbourhood descriptor for multi-modal deformable registration. Medical Image Analysis, 2012, 16(7): 1423-1435.
[121]Poli D, Toutin T. Review of developments in geometric modelling for high resolution satellite pushbroom sensors. The Photogrammetric Record, 2012, 27(137): 58-73.

[122]Aguilar M A, Aguilar F J, Mar Saldaña M, et al. Geopositioning accuracy assessment of GeoEye-1 panchromatic and multispectral imagery. Photogrammetric Engineering and Remote Sensing, 2012, 78(3): 247-257.

[123]Sekhar K S S, Senthil K A, Dadhwal V K. Geocoding RISAT-1 MRS images using bias-compensated RPC models. International Journal of Remote Sensing, 2014, 35(20): 7303-7315.

[124]Shen X, Liu B, Li Q Q. Correcting bias in the rational polynomial coefficients of satellite imagery using thin-plate smoothing splines. ISPRS Journal of Photogrammetry and Remote Sensing, 2017, 125: 125-131.

[125]Nagasubramanian V, Radhadevi P V, Ramachandran R, et al. Rational function model for sensor orientation of IRS-P6 LISS-4 imagery. The Photogrammetric Record, 2007, 22(120): 309-320.

[126]Fischler M A, Bolles R C. Random sample consensus: a paradigm for model fitting with applications to image analysis and automated cartography. Communications of the ACM, 1981, 24(6): 381-395.

彩　　图

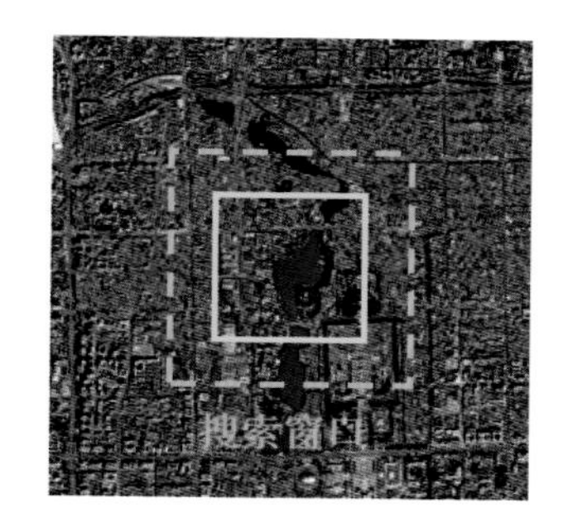

图 4-4　相似性图可视化

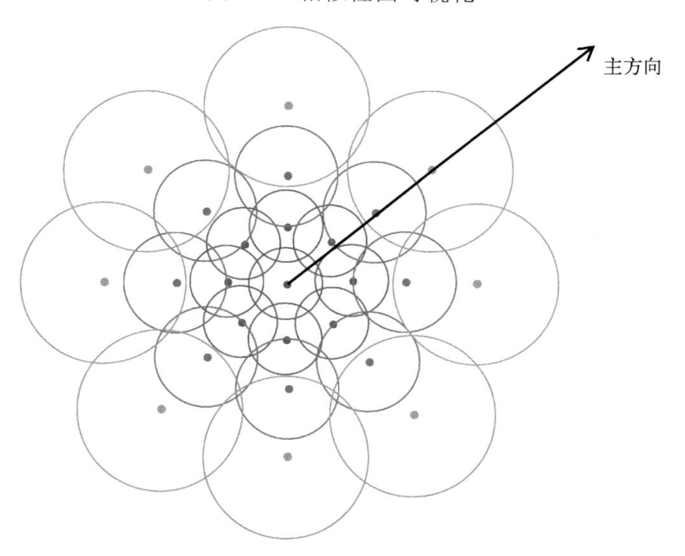

图 6-4　LHOPC 特征向量的空间结构

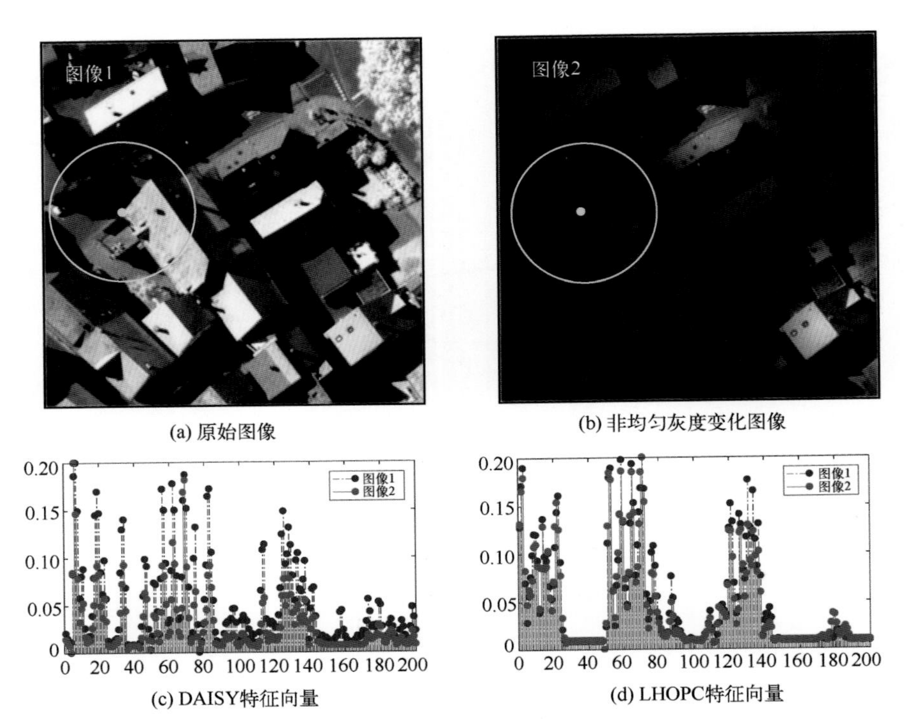

(a) 原始图像　(b) 非均匀灰度变化图像

(c) DAISY特征向量　(d) LHOPC特征向量

图 6-5　DAISY 特征向量和 LHOPC 特性向量对比图
(圆圈表示计算特征向量的局部区域(31×31 像素))

LHOPC　DAISY　SIFT　SURF

(a) 光谱差异的城市地区图像

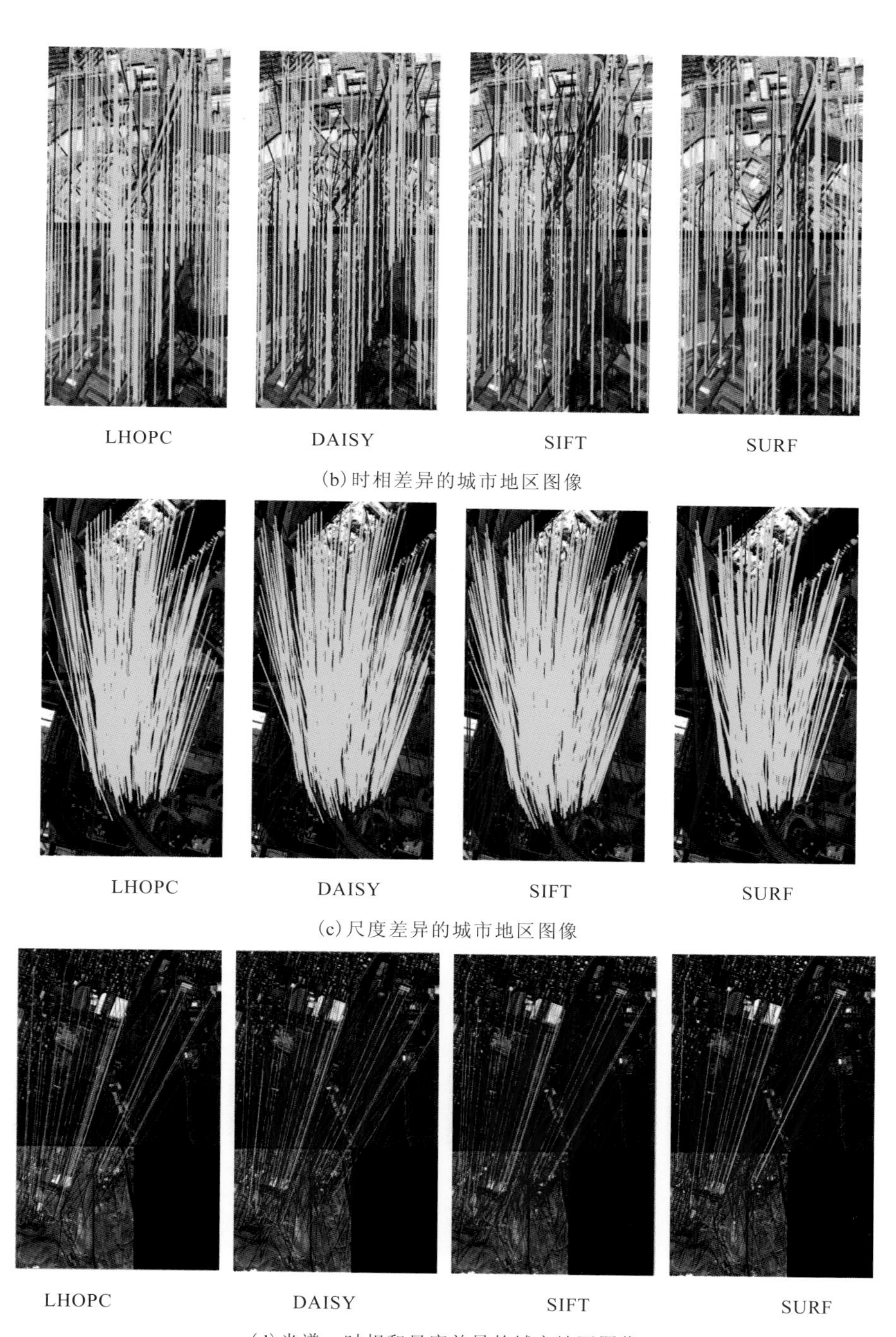

(b) 时相差异的城市地区图像

(c) 尺度差异的城市地区图像

(d) 光谱、时相和尺度差异的城市地区图像

图 6-11　LHOPC，DAISY，SIFT 和 SURF 获得的同名点
（黄线表示正确匹配，蓝线表示错误匹配）

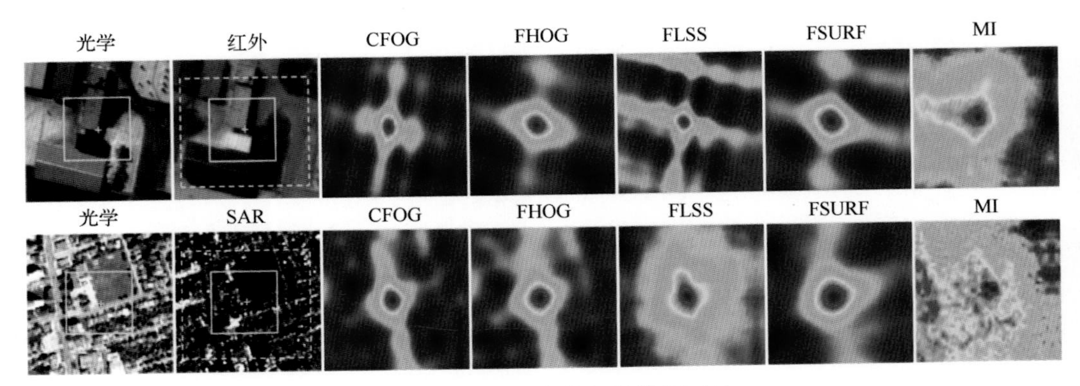

图 7-18　各种方法的相似性图对比

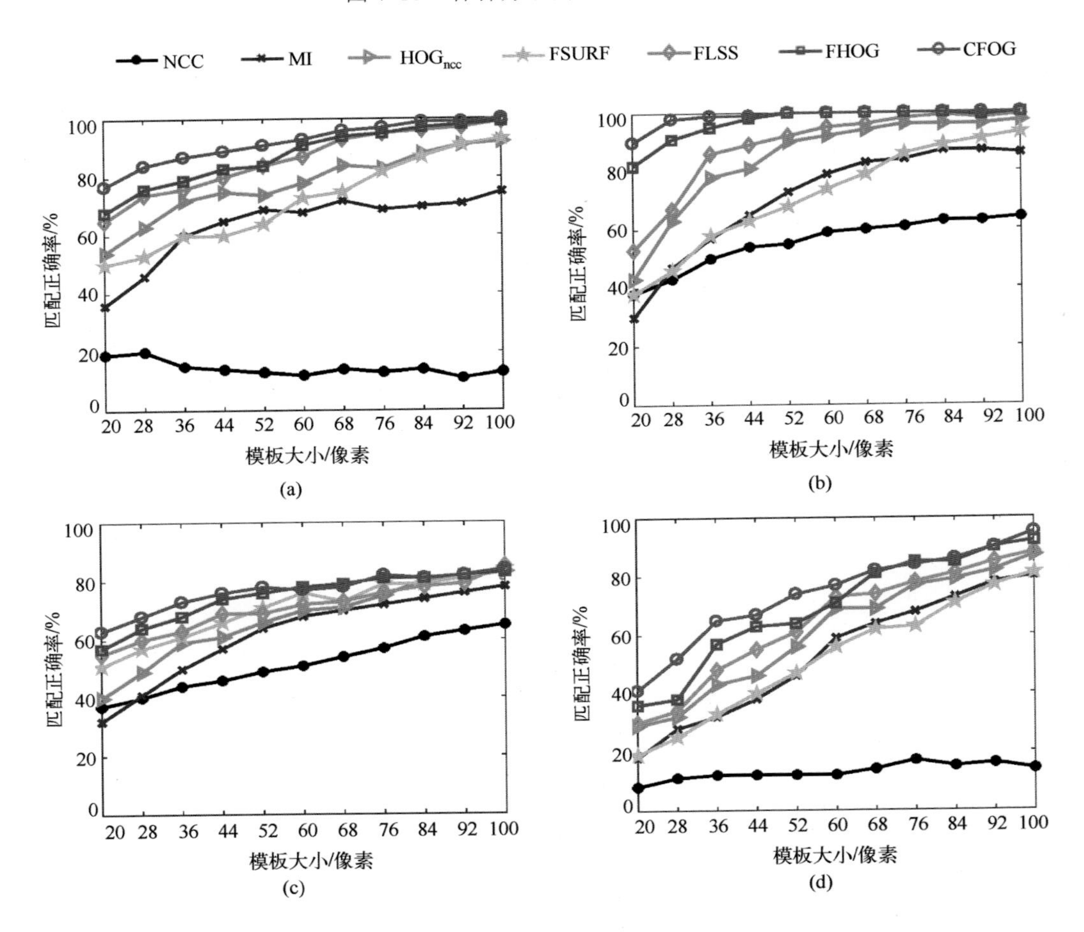

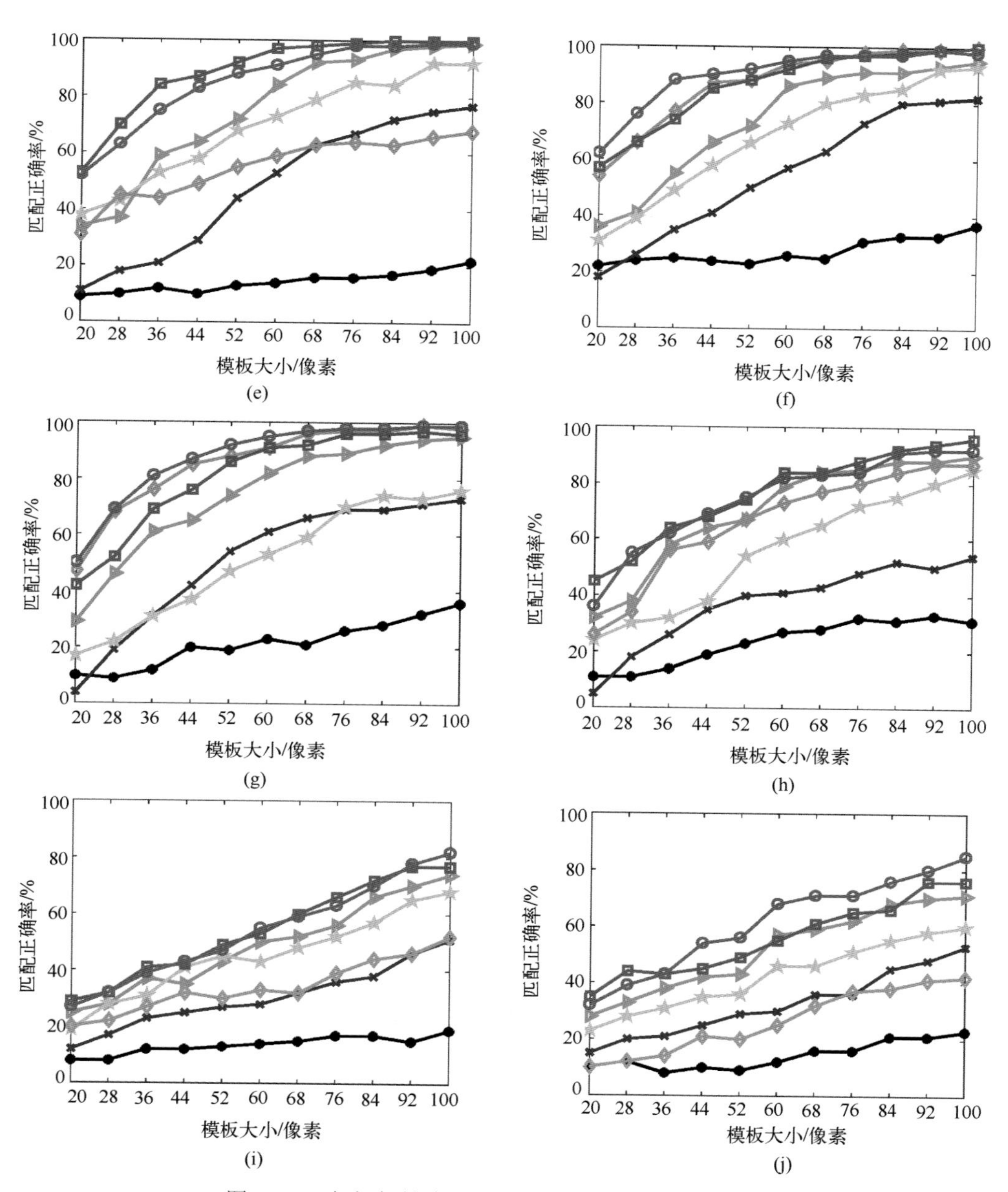

图 7-20 各相似性度量在不同模板下的匹配正确率

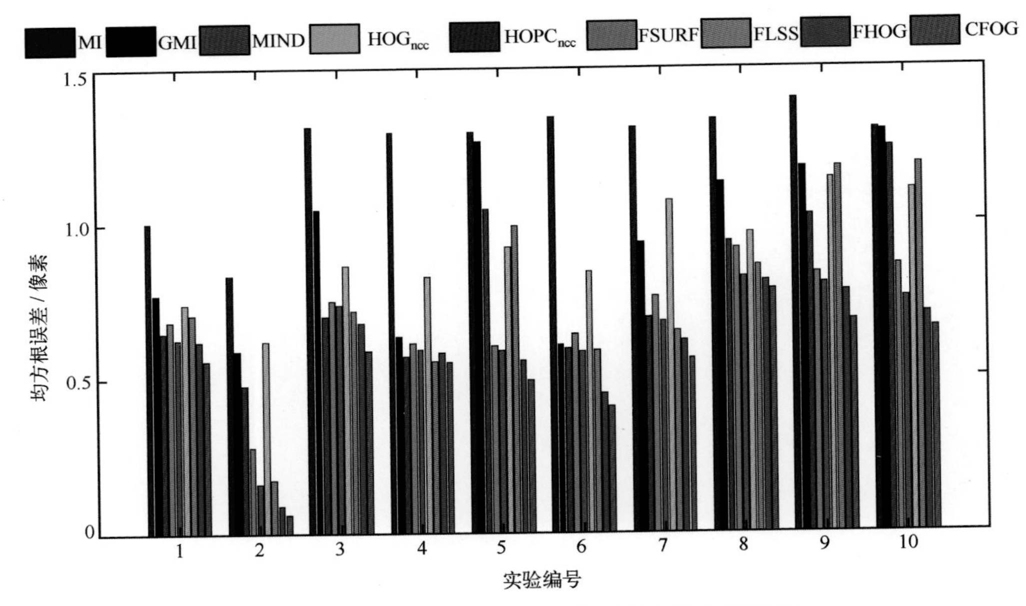

图 7-21 所有匹配方法的正确匹配点均方根误差